Preface 序

近年来，我国每年都有数万人死于道路交通事故，几十万人在道路交通事故中受伤，逾百万人因为遭遇道路交通事故而受到严重的心理伤害。道路交通事故具有突发性强、杀伤力大等特点，能够瞬间改变受害人的人生轨迹，给他们带来难以承受的打击。残酷的事故不仅会给受害者造成身体上的伤害，隐藏在其心底那道看不见的伤痛，更会持续很长时间甚至一生。受害者在遭遇事故后普遍会感到郁闷、焦虑，很多受害者失眠、食欲不振、无法完成正常的工作，生活在极度痛苦之中，需要经过很长时间才能恢复正常的工作、学习和生活。路政人员、职业驾驶员、交通警察和其他救援人员，也会因为经常直面惨烈的交通事故现场，看到情绪失控、伤心欲绝的事故受害人，产生紧张焦虑的情绪和严重的心理压力，甚至产生替代性创伤。

自党的十六大以来，以人为本的思想观念深入人心，道路交通事故救援工作得到了有关部门的高度重视。目前，我国已经初步建立起道路交通事故的快速救援、治疗和后续处理机制，对事故伤亡者的经济赔偿明显提高，体现了对生命的尊重。但是，医疗救援只能医治身体的创伤，经济赔偿也只能缓解生活的困难，这些都无法完全弥补情感上的巨大缺失和心理上的严重创伤。事故破坏了受害者原来的生活，但太阳每天依然会升起，活着的生命还要继续，伤残的身心更需要心理上的抚慰和支持。事故无情人有情，我们应该本着以人为本的原则，给予不幸的受害者无私的关爱和帮助，这意味着面对一颗颗破损的心时，我们不仅要有一颗悲悯、同情之心，还必须具备专业的心理援助技能。自2008年汶川地震后，我国心理工作者在自然灾害的心理援助方面做了大量的实践和理论研究，推动了我国危机事件心理援助的发展，也为道路交通事故心理援助工作提供了宝贵的理论基础与实践经验。与自然灾害相比，大多数道路交通事故是一种人为事故，具有个别性、突发性、普遍性等特点，无法预知，更不可能做好心理准备，所以道路交通事故的救援有特殊性，而且其发生频率远远高于自然灾害，因此，对道路交通事故后的心理援助做专门研究是非常必要的。

云南交通职业技术学院和云南丽江机场公路建设指挥部联合申报的“云南省道路交通事故心理援助管理机制研究”项目，是对道路交通事故心理援助的一次有益探索。《道路交通事故心理援助》一书就是这一项目的研究成果。本书基于危机事件心理援助的理论，结合道路交通事故的实际特点，既构建了完整的道路交通事故心理援助理论体系，又介绍了实用的操作技术。全书图文并茂、条理清晰、深入浅出，具有较强的实用性和趣味性，既适用于路政人员、驾驶员、交通警察、消防人员、医护人员、收费员、驾培机构人员等的心理援助技能培训，也可作为交通类专业学生的学习参考用书。

本书的出版发行，体现了项目研究人员的社会责任感和爱心，必将推动道路交通事故心理援助工作的发展，为道路交通事故救援工作增添人性化的关爱，为受害者和其他受影响人群提供有益的帮助。

云南省交通运输厅厅长 刘平

2013年9月

道路交通事故心理援助

Psychological Assistance in Traffic Accidents

柏松平　张　亮　孙　云　编著

内 容 提 要

本书主要介绍了道路交通事故后心理援助的基本概念、事故现场的心理急救与支持性沟通、心理危机评估与心理援助技术、道路交通事故团体心理援助、救援工作者社会心理支持等内容，既有完整的心理援助理论体系，又有实用的操作技术。全书图文并茂，条理清晰，深入浅出，注重实用性和趣味性，便于读者理解。

本书可作为路政人员、驾驶人员、交通警察、消防人员、医护人员、收费人员、驾驶培训机构人员等的心理援助技能培训用书，也可作为交通运输类专业学生的参考用书。

图书在版编目（CIP）数据

道路交通事故心理援助 / 柏松平，张亮，孙云编著.
— 北京 ： 人民交通出版社，2013.12
ISBN 978-7-114-11014-6

Ⅰ. ①道… Ⅱ. ①柏… ②张… ③孙… Ⅲ. ①交通运输事故－救援－心理康复－研究 Ⅳ. ①X951②B845.67

中国版本图书馆CIP数据核字（2013）第272809号

书　　名：道路交通事故心理援助
著 作 者：柏松平　张　亮　孙　云
责任编辑：刘永超　黎小东
出版发行：人民交通出版社
地　　址：（100011）北京市朝阳区安定门外外馆斜街3号
网　　址：http：//www.ccpress.com.cn
销售电话：（010）59757973
总 销 售：人民交通出版社发行部
经　　销：各地新华书店
印　　刷：中国电影出版社印刷厂
开　　本：787×1092　1/16
印　　张：16.25
字　　数：300千
版　　次：2013年12月　第1版
印　　次：2013年12月　第1次印刷
书　　号：ISBN 978-7-114-11014-6
定　　价：56.00元

《道路交通事故心理援助》

编　委　会

用爱温暖受害者破碎的心

发达的现代交通在给人们带来出行便利的同时，也带来了它的副产物——交通事故。无数家庭因遭遇交通事故而支零破碎，陷入苦难的深渊。2005年10月26日，联合国大会通过一项决议，呼吁各国政府将每年11月的第三个星期日作为世界道路交通事故受害者纪念日，以此缅怀道路交通事故受害者，并关注受害者亲属所处的困境。重、特大交通事故作为一种严重的突发性危机事件，在给当事人生命和财产带来危害的同时，还会给相应群体造成深深的心理伤害，引发一系列异常的心理症状。由于心理创伤具有隐藏性、复杂性、长期性等特点，心理创伤的修复往往比道路和车辆等的修复更加困难，更需要专业人员的帮助。

目前，我国在交通事故的心理援助方面做了一些有益的尝试，如在甘肃正宁县校车事故、马鞍山9·11特大交通事故、7·23甬温线特大交通事故、4·28胶济铁路特大交通事故的处理中，做了专业的心理干预，并取得了不错的成效。由于道路交通事故具有突发性和普遍性的特点，需要救援部门在日常的救援准备过程中，给交通事故救援者提供心理援助和自我保护的培训。

为推动道路交通事故心理援助事业的发展，云南交通职业技术学院、云南丽江机场公路建设指挥部向云南省交通运输厅申请了联合攻关项目——“云南省道路交通事故心理援助管理机制研究”。项目得到了云南省红十字会心理援助队和保山市公安局交通警察支队的响应与支持，作为这一项目具体成果的展现形式，撰写本书的主要目的，就是为道路交通事故心理援助工作者提供专业培训教材，同时为救援人员提供心理援助的普及性读物。以便在救援工作中，运用灾害心理援助理念，为受害者和其他受影响人群提供安全、及时、有效的心理援助，帮助他们战胜灾难，尽快恢复正常的生活。

基于以上认识，结合道路交通事故心理救援的需求，我们编写了《道路交通事故心理救援》一书，试图将危机事件心理援助理论和技术与道路交通事故的具体要求相结合，力求体现以下四方面的特色：①实用性。强调能为受交通事故影响的人群提供及时、实用、有效的心理救援，减轻他们的心理创伤，预防因交通事故引发一系列异常的心理症状和精神疾患，帮助他们战胜事故灾害，尽快恢复正常的生活。②应用性。本书强调心理救援的可操作性，充分体现其应用价值，力求做到让本书的阅读者既能看得懂、学得会，又能用得上、用的好，尽量减少对当事人的心理造成二次伤害的几率。③针对性。本书分析了交通事故的受害者、亲历者、救援者和责任者等不同受影响群体的创伤特征和心理援助需求，提供了解决问题的参考思路和具体技术。④生动性。为提高读者的阅读兴趣，本书绘制了大量直观生动的图片，并将有关操作技术和案例的内容用文本框标注出来，以便读者理解和掌握。

目前，结合道路交通行业特点，专门体现道路交通事故心理援助理论和实践内容的书籍还非常少。希望本书的出版，能为推动我国道路交通事故心理援助工作的发展做出有益的贡献。然而，由于编者水平及项目研究时间有限，同时道路交通事故心理援助在我国还刚刚起步，可参考的资料较少，所以书中难免存在不足之处，恳请读者批评指正。

编写本书，我们不求完美，只期望能为我国道路交通事故心理援助相关研究和实践起到抛砖引玉的作用。

编著者

2013年9月

目录 Contents

第一章
道路交通事故与心理援助概述

衣食住行是人类生活的基本需要，在当今社会，没有人可以不参与道路交通。然而，快速便捷的道路交通暗藏杀机，道路交通事故随时随地都可能发生，在瞬间给受害者带来终身痛苦。近年来，我国道路交通安全状况逐年好转，万车死亡率由2002年最高的13.7降到2011年的2.8，但是交通事故的总量依然很大。2012年，我国道路交通事故量约占全国各类事故总量的82%，是造成青壮年死亡的头号杀手。

《中华人民共和国精神卫生法》第十四条规定：“发生突发事件，履行统一领导职责或者组织处置突发事件的人民政府应当根据突发事件的具体情况，按照应急预案的规定，组织开展心理援助工作。”重、特大交通事故，特别是一次死亡10人以上的交通事故，作为一种事故灾害，应该依法组织心理援助。

道路交通事故是一种严重的危机事件，它通常会给当事人带来难以平复的情绪反应和心理创伤（图1–1）。我们应该给不幸的受害人提供帮助，但是一颗受伤的心是非常敏感和脆弱的，干预不当，很容易造成“二次伤害”，因此，专业的心理援助显得尤为重要。那么，道路交通事故是什么性质的灾害？它会造成什么样的心理危机？什么是心理援助？心理援助的核心原则是什么？道路交通事故的心理援助有哪些特征？本章主要解答这些问题。

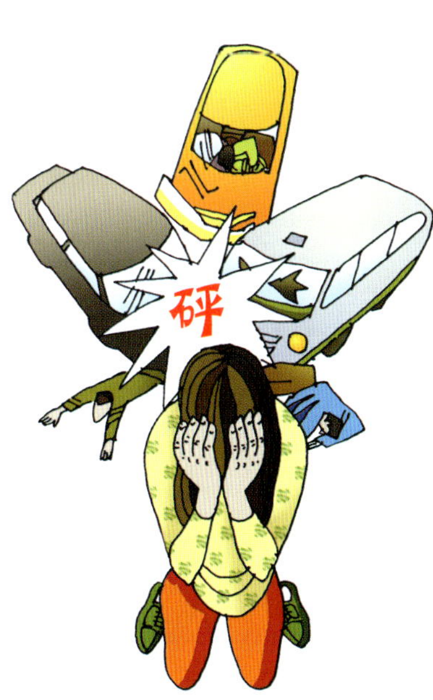

图1–1　道路交通事故

道路交通事故是一种严重的危机事件，它给当事人带来了难以承受的心理创伤。

第一节　道路交通事故

一、道路交通事故基本概念

“交通”是人类特有的一种文明活动方式。除徒步外，利用自行车、汽车、轮船、火车、飞机等交通工具进行的位移活动都属于交通的范畴。[①]

“道路”是指公路、城市道路和虽在单位管辖范围但允许社会机动车通行的地方，包括广场、公共停车场等用于公众通行的场所。[②] 而本书所称的交通主要指道路交通。

“交通事故”是指车辆在道路上因过错或者意外造成人身伤亡或者财产损失的事件。[③] 交通事故不仅是由于特定的人员违反交通管理法规造成的；也可以是由于地震、台风、山洪、雷击等不可抗拒的自然灾害造成。在国务院发布的《国家突发公共事件总体应急预案》中，将交通运输事故归类为事故灾难。[④] 本书所称的交通事故主要是指道路交通事故。

2012年12月29日，交通运输部部长杨传堂在全国交通运输工作会议上介绍，2012年全国新增道路通车里程8.7万公里，比上年增加1.5万公里，再创历史最高纪录。目前，我国道路通车总里程已突破420万公里，四通八达的全国道路网正在加速建成。20世纪90年代以来，我国汽车保有量的增长速度超过道路建成速度。截至2012年年底，我国机动车保有量达2.4亿辆，汽车保有量达1.2亿辆。中国的汽车保有量已经超过日本，成为仅次于美国的世界第二大汽车保有国。

随着我国道路交通事业的飞速发展，人们在享受舒适和便捷交通的同时，也不得不承受交通事故造成的严重后果。世界各国尤其是发达国家都对事故预防及对策倾注了大量的人力、物力和财力，交通事故上升的势头已趋于平缓，欧美、日本等发达国家的交通事故发生率已处于稳定态势。近年来在我国机动车保有量快速增长的情况下，交通事故及伤亡人数一直居高不下。我国自1951年开始统计交通事故数据，当年

① 魏忠海. 灾害医学救治技术. 北京：科学出版社，2009。
② 公安部交通管理局. 道路交通安全法规汇编. 2005年版. 第23页。
③ 公安部交通管理局. 道路交通安全法规汇编. 2005年版. 第24页。
④ 国务院. 国家突发公共事件总体应急预案. 总则. 分类分级. 事故灾难。

全国共发生交通事故5 922起，死亡852人，伤5 159人。1951年至1984年的30多年间，交通事故各项指标的变化基本上是平稳的。20世纪80年代中期以后，尤其是1991年后随着国家总体经济实力的不断增强，机动车保有量的急剧增加，交通运输迅速发展，交通事故及其死亡人数也急剧增长。我国道路交通事故造成的损失远大于世界发达国家，道路交通事故致死率也远大于发达国家。这是由于发达国家通过20世纪70～80年代的治理，交通事故死亡人数呈逐年下降的态势，而我国却恰恰相反。2012年10月25日，国家安全监督管理总局新闻发言人黄毅说，从总体上看，我国道路交通安全状况逐年好转，万车死亡率由2002年最高的13.7降到去年（2011年）的2.8。但目前道路交通事故量仍然较大，约占全国各类事故总量的82%。

二、道路交通事故的分类

对道路交通事故进行分类，目的在于分析、研究、预防和处理道路交通事故，便于统计和从各个角度寻找对策，也有助于心理援助人员有针对性地采取不同的援助和干预措施。根据分析的角度、方法不同，对道路交通事故的分类也不同。通常，道路交通事故分类方法主要有以下五种：

（一）按责任分类

1. 机动车事故

机动车事故是指事故当事方中，汽车、摩托车和拖拉机等机动车负主要责任以上的事故。在机动车与非机动车或行人发生的事故中，如果机动车负同等责任，由于机动车相对为交通强者，而非机动车或行人则属于交通弱者，也应视为机动车事故。

2. 非机动车事故

非机动车事故是指自行车、人力车、三轮车和畜力车等按非机动车管理的车辆负主要责任以上的事故。在非机动车与行人发生的事故中，如果非机动车一方负同等责任，由于非机动车相对为交通强者，而行人则属于交通弱者，应视为非机动车事故。

3. 行人事故

行人事故是指在事故当事方中，行人负主要责任以上的事故。

（二）按后果分类

轻微事故，是指一次造成轻伤1至2人，或者财产损失机动车事故不足1 000元，非机动车事故不足200元的事故。

一般事故，是指一次造成重伤1至2人，或者轻伤3人以上，或者财产损失不足3万元的事故。

重大事故，是指一次造成死亡1至2人，或者重伤3人以上10人以下，或者财产损失3万元以上不足6万元的事故。

特大事故，是指一次造成死亡3人以上，或者重伤11人以上，或者死亡1人，同时重伤8人以上，或者死亡2人，同时重伤5人以上，或者财产损失6万元以上的事故。

本书所指的交通事故，主要是指重、特大道路交通事故。

（三）按造成事故的原因分类

按造成事故的原因可分为主观原因造成的事故和客观原因造成的事故。

（四）按对象分类

按对象可分为：车辆间的交通事故、车辆与行人的交通事故、机动车与非机动车的交通事故、车辆自身事故、车辆对固定物的事故。

（五）按地点分类

交通事故发生地点一般是指哪一级道路。在我国，道路可分为高速道路、一级道路、二级道路、三级道路和四级道路共五个等级；城市道路可分为快速路、主干路、次干路和支路四个等级。另外，还可按在道路交叉口和路段所发生的交通事故来分类。

三、道路交通事故的特点

每一个交通事故的发生都是偶然的，但发生交通事故是必然的。在道路交通网络四通八达的今天，世界上没有哪个地区能避免道路交通事故的发生。道路交通事故使个人、群体或组织正常的生活秩序和发展进程受到威胁和破坏，构成生存和发展的危机。一般而言，道路交通事故具有以下特点：

（一）随机性与突发性

无论什么人、采取何种手段都无法准确预测事故发生的时间、地点、条件和损失。交通事故是一种小概率事件。

（二）规律性与周期性

交通事故一般服从泊松分布[①]，它的发生具有一定的模糊性规律和周期性规律。

（三）社会性与普遍性

交通运输本身具有极强的开放性，运输的范围非常广泛，运输量大，途中险情多。交通事故的社会影响较一般事故要大，具有一定的地域性。

（四）系统性与综合性

交通运输本身就是一个大的系统，交通事故在预防上具有系统性和综合性。

（五）可预防性

交通事故的主要影响因素包括人、车、路和交通管理，只要全面提高和改善这些因素，就能改善交通安全环境，预防交通事故的发生。

第二节　道路交通事故的心理危机

一、心理危机的定义

危机是当事人的一种认知或体验，即将某一事件或生活境遇认知或体验为远远超出自己当下的资源，或者应对机制无法忍受的困难。除非当事人得到解脱，否则危机将导致他的情感、行为和认知的功能障碍。

心理危机一般要经历四个不同的发展阶段：第一，当事人生活中出现某一重大变故，并作出判断：自己通常的应对机制能否顺利解决这一变故；第二，随着事态的发展，紧张和混乱的程度不断增加，远远超出当事人的应对能力；第三，随之产生的是对外部资源（如心理咨询）的需求；第四，必须求助于专门的心理治疗，才能解决当事人主要的人格问题。[②]

心理危机当然含有危险之意，因为它可以将当事人击垮，乃至造成严重的病态心理，甚至包括杀人或自杀。同时，危机也意味着机会，因为由于危机造成的痛苦迫使当

① 泊松分布是一种统计与概率学里常见到的离散概率分布，由法国数学家西莫恩·德尼·泊松（Siméon-Denis Poisson）在1838年时发表。

② Richard k.James.BurlE.Gilliland. 危机干预策略. 高申春，等译。

事人寻求帮助。如果当事人能抓住这个机会，危机干预必将帮助他们趋向于自我成长和自我实现。我们常说痛苦是人生的财富，就是因为走过苦难，人们会变得更加坚强。

二、个体面临危机的应激反应

常见应激症状

头痛
睡眠障碍
疲劳
易怒
身体上的疼痛
解决问题的能力下降
精力低下
增加烟、酒等的用量

极度应激的常见反应

焦虑
时时戒备
惊愕反应
注意力不集中
重复经历事件
内疚
悲伤
愤怒
情感麻木
内向
失望
精神上的逃避
行为上的逃避

（一）一般危机事件常见的应激反应

1. 身体方面

疲劳、难以入睡、激动、身体异样、食欲的增强或减弱、性欲的增强或减弱、易受惊、嗜烟酒、头昏眼花、四肢无力。

2. 情感方面

愤怒、狂躁、怨恨、焦虑、恐惧、沮丧、绝望、木讷、冷淡、易受惊、负罪感、悲伤、无助感。

3. 认知方面

难以集中精神、难以做决定、健忘、时间混乱感、困惑、受伤的自尊、自责、侵入性的思维和回忆、担忧、脱离现实感、自我伤害。

4. 行为方面

易伤感流泪、突然暴怒、逃避特定的人、地和情境、好争辩、健忘、记忆力不集中、危险行为、不修边幅。

5. 信仰方面

改变以前的信仰、质疑自己一直所相信的东西、拒绝帮助、受生命意义、公正、公平、来世等问题的困扰、失去以往的精神支柱。

（二）交通事故常见的应激反应

交通事故的当事者在事故发生后的不同阶段的心理反应是不同的。事故发生之初，主要是恐慌、茫然、麻木。有的人会陷入茫然状态，表现为否认当前的一切，意识清晰度下降，注意力狭窄、分散。由于过度紧张和恐惧，使人们在短时期内无法做出正确的判断，因此就更谈不上如何自救了。

在事故发生后的短时间内，人们往往会处在一片混乱之中。焦虑、悲伤、痛苦以及盲从的心理在此时出现。有人为突然失去亲人而悲伤；有的丧亲者当交通事故发生时自己也在现场，他们捶胸顿足地自责自己没有能力救出家人，甚至希望死去的人是自己；有的受伤者家属无法决定治疗方案；有的受害者对肇事者心怀仇恨，心情激愤，不能自制；有人感到孤立无助、沮丧，担心自己会崩溃或无法控制自己。

当事故的处理基本结束后，受伤者和丧亲者要重新开始艰难的生活。在这个时候，无论心理素质多么好的人，都会感到痛心、苦闷。于是，有的人不敢回想事故发生的一切，逃避现实，酗酒吸烟，不再关心自己的健康；有的人反复想到逝去的亲人，觉得空虚，变得情感淡漠，失去了生活的信心；甚至有的人感到活着没有意义，产生自杀的念头。尤其是那些亲眼目睹亲人死亡而无力救援的幸存者，会不断出现一些强迫观念或行为，表现为在脑海里重复出现事故发生时的情景，全神贯注于思念死者和濒死的过程，不断有事故重现的行动和感觉等。

极度应激的常见身体反应

睡眠障碍
战栗、发抖
肌肉紧张、疼痛
身体紧张
心跳急速
恶心、呕吐或腹泻
月经周期紊乱或失去性欲

上述的心理反应是正常人在遭遇交通事故时的正常反应。但是，面对不同的个体，反应的方式和强度有很大的个体差异。一般而言，对于交通事故的丧亲者，与死者越亲密，产生的悲伤反应就越强烈。如果这些反应表达过强，或者持续时间过长，就有可能发展为异常的心理反应，形成各种心理应激障碍或疾病。

（三）个体异常心理反应的评估和诊断标准

危机事件后，受害人都会有异常的心理反应，而且也有显著的个体差异。但是有的人在反应的方式、程度和表现形式上与别人明显不一样，有的人甚至患上了急性应激障碍和创伤后应激障碍，这就需要专业人员去做出评估和诊断。一般可以用以下几个标准来判断：

1. 经验标准

以大多数人经历相同创伤的心理和行为标准，来判断当事人的心理是否正常。如果周围的人都明显感到他内心的痛苦已经超出了他的承受能力，感到他已经深陷痛苦无法自拔，他就很有可能出现心理异常，甚至患上心理疾病。

2. 社会适应标准

所有的突发危机事件都会使当事人的生活、工作、学习、社交等社会活动受到影响。但如果一个人受影响的程度超出了正常的范围，社会功能严重受损，已经无法正常地生活、工作和学习，完全变成了另外一个人，甚至人格严重退化，出现某些变态精神病人急性发病期间的攻击行为，明显与社会标准相抵触，就需要考虑是事故导致的心理疾病了。

3. 统计学标准

通过相关量表的测试，如果当事人的症状超出常模，就说明和其他人不一样。超出得越多，就说明越不正常。比如，一个人表现出极端的外向或内向，极度的兴奋或抑郁都被视为不正常。

4. 行为功能障碍标准

出现异常心理常常会导致行为能力下降，无法照顾自己的生活。比如，在衣、食、住、行方面都无法自行解决，不能保证个人卫生，如果时间较长，甚至导致身体疾病，就可以认定是患上了应激障碍。

交通事故引起的异常症状有：兴奋状态，主要有躁动不安、喊叫谩骂、自伤、伤人或毁物；抑郁状态，主要有思维迟缓、言语减少、动作缓慢、对外界刺激反应迟钝，严重者悲观绝望，甚至有强烈的自杀企图；急性精神病症状，暂时的脑功能障碍、急性痴呆、幻觉、妄想；极度惊恐发作，木僵状态；自主神经紊乱，拒食或贪食；这些综合症状的出现，可能意味着当事人心理危机加重。因为心理应激障碍的表现形式多种多样，需要专业人员结合判断标准和临床表现两个维度进行综合判断。非专业人员遇到严重应激障碍的患者，要及时转介到专业的医疗机构进行诊断和治疗。

三、道路交通事故的受影响人群及其心理特征

（一）危机事件影响人群的分类

按照WHO的提议，危机事件尤其是灾难性事件后，按实际情况可以对人群进行六级分类。

第一级　直接卷入大规模灾难的幸存者，除个人受创外，往往还有亲人丧失和财产损失，需要及时的心理社会救援。

第二级　与一级受灾者有密切的个人和家庭联系，可能有严重的悲哀和内疚反应。需要心理社会工作队的援助，缓解继发的应激反应。

第三级　灾难现场从事救援或搜寻工作的人员，以及帮助进行重建或康复工作的人员和志愿者。

丧亲者的正当权利（【美】J.C.科尔夫）

别让我做我不愿做的事
让我痛哭一场
请允许我谈论死者
别催促我快做决定
即使我举止失常，也要耐心待我
让我看到你同样处于悲痛之中
我发怒时，请相信我是真发怒了
别对我说些空洞的陈词滥调
请倾听我的诉说
失礼、鲁莽、轻率之处，还请原谅

第四级　在后方向受灾者提供物资与援助的人员。

第五级　未在现场，但通过间接途径目击灾难场景时心理失控的个体。他们通常易感性高，可能原有不同程度的心理异常。

第六级　其他各种人群，主要是处境安全、在家中等候消息的，与第三级人员关系密切的亲属或朋友，比如救援或搜寻工作者的家属。

（二）道路交通事故影响人群的分类

目前国际国内对危机事件受影响人群的分类主要是针对重大自然灾害，道路交通事故的受影响人群与自然灾害相比，都有受害者、幸存者、亲历者、救援者等。但由于事故性质不同，也有明显的区别：首先是受影响人群的数量不同。近年来，除了2008年之外，道路交通事故每年的死亡人数远远高于自然灾害。但对于单个的道路交通事故，其死亡人数及受影响的人数又远远低于重大自然灾害。其次，受影响人群的范围不同。重大自然灾害和社会性危机事件，通常会造成广泛的社会性心理危机，而道路交通事故的受影响范围一般只是直接受害人、亲历者、救援者和责任者。再次，由于道路交通行为的无法避免性，会对受影响人群造成长期的影响。最后，责任人的心理危机。由于道路交通事故大多数是人为事故，事故的责任人无论是否伤残或遇难，他们及其家属都会产生巨大的心理压力。根据道路交通事故的特点，我们将受影响人群分为四级。

第一级　受害者，包括遇难者家属、伤残者及其家属（图1-2）。

图1-2　遇难者的亲属会陷入无比悲痛中

每一次重、特大道路交通事故，都会造成对生命的伤害。在得知自己的亲人、朋友遇难的消息或亲眼目睹自己最新亲近的人遇难的经过之后，当事人可能刚开始无法接受这一事实。从否认到慢慢接受，随之而来的是无缘的悲伤、沮丧，恨自己没有能力救出家人，甚至希望死去的是自己而不是亲人。尤其是与遇难者关系越亲近的家属其症状越明显。遇难者的亲属会陷入无比悲痛中，不同程度地出现情绪、生理异常反应、认知障碍、异常行为，甚至出现精神崩溃、自伤、自杀的倾向。丧失亲人的心理体验是痛苦的，一般都要经历这样正常的心理悲哀过程，顺利度过这个过程可能需要几个月甚至数年的时间。

第二级　亲历者，包括经历事故但未受伤害的幸存者和目击者，以及知情者。

经历事故的幸存者大难不死，心存余悸，也容易出现应激反应。身体上的反应如心跳加速、血压上升、呼吸急促；过度的惊吓反射动作；虚弱感、麻木感、疲惫感、食欲改变等等。在心理应激方面，会表现出忧虑、抑郁、愤怒、易激惹，缺乏安全感；有个别人甚至因亲身感受到生命的脆弱而导致人格改变。路过的目击者也会因为受到惊吓而导致身心的应激反应。知情者主要是死难者和伤残者的同事、朋友、邻居和熟人，当他们听到道路交通事故的经过及其造成的伤害后，也会产生同情、担忧、悲痛等应激反应。

第三级　救援者，包括参与事故救援的交通警察、消防人员、医护人员和交通系统的职业救援人员，以及其他志愿救援人员。

道路交通事故发生后，救援人员会马上投入到抢救工作中去，因其工作环境的特殊性，看着和自己一样重要的生命在眼前消失，还在强忍伤痛，紧张地抢救伤残人员，处理遇难者的遗体。这些工作会使他们产生替代性创伤，主要表现为一系列的心理应激，如恐惧、焦虑、无助、挫败感。惨烈的道路交通事故对救援人员的心理影响并不是短时间就能消除的，甚至在救灾结束很长时间后，会逐渐出现类似创伤后压力症候群的后遗症，这种后遗症会延续很长时间，严重影响救援人员的身心健康。参与救援的交通警察、道路交通管理人员、消防人员和医务人员，在完成救援工作后的一段时间内，都可能会出现疲劳、食欲减退、睡眠紊乱、头痛、麻本、肌肉酸痛等身体症状，以及焦虑、抑郁、恐惧等心理应激症状。

还有的救援者会觉得自己应该抢救更多的人，怀疑自己是否已经尽力；感到软弱、内疚和羞耻，感到自己的问题与受害者相比微不足道，不好意思诉说自己的心理压力，更不好意思求助；怀疑自己的职业选择，难于集中注意力，工作效率下降；无法休息和放松等。

第四级　事故的责任者及其亲属。

绝大多数道路交通事故是一种人为灾害，事故的责任人无论死伤与否，都会受到创伤。他们一方面内疚、悔恨、自责，怪自己运气不好；另一方面，还要承受来自其他受害者和社会的谴责，如果是职业驾驶员，还要面临单位的处分。最现实的问题是还要给受害者支付巨额的经济赔偿。在甘肃正宁县校车事故中，驾驶员当场死亡。他的妻子在承受丧夫之痛的同时，还要承受遇难儿童家长的指责，身心崩溃，卧病在床。为了躲避指责，她都不敢在丈夫火化前去见最后一面。我们固然应该教育驾驶员安全驾驶，但肇事驾驶员也是人，他们的亲人更是无辜的，当事故发生之后，我们心理援助者也应该本着人道主义的原则，给予他们人性的关爱，支持他们与受害者一起共同理性地处理善后事宜。

四、心理危机的发展过程和结果

（一）心理危机的发展过程

心理学家研究发现，人们对危机的心理反应通常会经历四个不同的阶段。

1. 冲击期（图1-3）

这一阶段的心理反应发生在危机事件爆发时或不久之后，人们会感到震惊、恐慌、不知所措。

图1-3　冲击期

图1-4 防御阶段

2. 防御阶段（图1-4）

前一阶段的强烈心理反应逐渐缓和。面对突发的交通事故，人类应对的本能行为就在“逃避—拼搏”之间作选择，当他发现危机事件的冲击超出了个体的承受能力，无法以自己的力量来抗衡时，通常就会采取否认、压抑、退却、置换、投射、升华、合理化等心理防御机制来缓解各种不适症状。比如，有的伤残者或丧亲者，用酗酒、滥用药物等回避与事故相关的问题来逃避现实。

3. 解决阶段（图1-5）

这一阶段通常发生在危机事件应急处理之后，从人们离开危机事件现场回到日常生活环境中开始。他们会积极采取各种方法接受现实，寻求各种资源，努力设法解决问题。如果一切顺利，焦虑就开始减轻、自信增加，各种社会功能得到恢复。

图1-5 解决阶段

图1-6 成长阶段

4. 成长阶段（图1-6）

这一阶段是在经历了危机之后，重新认识整个事件的发生过程，重新体验和反思自己的心理变化过程。个体会变得成熟，获得更多的、更有效的应对危机事件的技巧。但每个人对突发事件的应激反应并不一致，正如Caplan的情绪危机模型所描述的那样，有些事件当事人没有经历这个过程，而采取消极应对的方式，出现种种不健康的情绪和行为。

（二）心理危机的结果

尽管心理危机是一种正常的生活经历，并非疾病或病理过程。然而，由于它具有正常与异常的双重特征，加上个体处理的方法、个体对危机反应程度的差异、个体的人格等因素，使心理危机的结果可以是面临不正常事件的正常心理反应，也可以是成为严重心理障碍的诱发因素。也就是说，伴随着危机的，既可能是暂时的心理失衡，也可能意味着成长的契机。

心理危机一般会有四种结果：

第一种：理想型。顺利渡过危机，并学会了处理危机的方法策略，提高了心理健康水平。

第二种：残留型。渡过了危机但留下心理创伤，在一定程度上影响今后的日常生活和社会适应。

第三种：攻击型。艰难渡过了心理危机，但经不住危机事件过程所发生的强烈刺激，对未来绝望而出现自伤自毁现象，在生理和心理上都受到了创伤，难以适应今后的日常生活和社会生活。

第四种：病理型。未能渡过危机，应激反应的持续时间过长，而出现严重心理障碍甚至精神疾病，无法适应日常生活。

显然，对当事者来说，第一种是最好的结果，通过危机的经历，使其获得了精神的成长。后两种结果反映了心理危机不同程度的加剧。对于突然的、无法抗拒的创伤性事件造成的应激，产生急性应激障碍（ASD）和创伤后应激障碍（PTSD）、适应障碍等的可能性更大。研究表明，绝大多数人在遭遇突发性事件创伤后能够自愈，而在灾难性事件中，有20%以上的人会产生ASD和PTSD。其表明了在突发事件发生后进行心理危机干预的必要性。

五、受影响人群的心理反应特点

（一）事故丧亲者的心理反应

生命是人世间最宝贵的东西，亲人是人生中最重要的人。在交通事故中，生命毁于一旦，留给亲人的是无限的哀思和深深的悲痛。当听到亲人遇险时，一般人的第一反应是否认，拒绝接受已发生的事实，希望那不过是一个误传，是一场醒来就消失的噩梦。一旦丧亲的事实被证实后，人们的内心通常无法承载这突如其来的现实，巨大的悲伤压倒一切，不由自主地沉浸在悲痛之中。

一般丧亲者的哀伤反应见表1-1。

一般丧亲者的哀伤反应　　表1-1

	第一阶段 冲击期	第二阶段 防御阶段	第三阶段 解决阶段	第四阶段 成长阶段
生理反应	麻木、呼吸急促、心慌、肌肉紧张、多汗、口干、失眠、对外界的刺激敏感	疲倦、无力、头痛等躯体不适、失眠、体重减轻、妄想或幻觉	饮食、睡眠障碍逐步减轻，身体不适症状减少	身体健康状况基本恢复，饮食、睡眠状况基本正常
认知反应	否认、怀疑、无法接受、反应迟钝、难以做决定	注意力不集中、健忘、思维混乱，反复回忆有关逝者的往事，自我否定，自杀念头	注意力转移到外部世界，寻找合理化的解释，思维趋于正常	恢复自信，接纳生活的改变，赋予生活新的意义，怀念过去的时光，充满对未来的希望

续表

	第一阶段 冲击期	第二阶段 防御阶段	第三阶段 解决阶段	第四阶段 成长阶段
情绪反应	失去体验情感的能力、麻木，情绪失控	悲伤、绝望、内疚、抑郁、失落、孤单、愤怒、担心、恐惧、轻松、愉悦	负面情绪逐渐减轻	情绪恢复平稳，基本恢复原来的本性
行为反应	失控、发呆	模仿逝者的生活习惯，寻找逝者身影，自言自语，与逝者对话	逐步回到现实生活中，言行基本正常	能正常工作和生活，建立新的社交关系，计划未来，承担逝者未尽的责任
社会功能	无法正常生活和工作，也可能与以前无异	社会退缩	能照顾自己的生活，工作上能尽力而为	能正常工作和生活，社会功能基本恢复

（二）事故伤残者的心理反应

道路交通事故由于其突发性和巨大的伤害性，给伤残者心理以沉重的打击，心理反应比较强烈，给治疗和护理带来一定的困难。世界卫生组织专家断言，没有任何一种灾难能像心理危机那样给人们带来持续而深刻的痛苦。因此，研究道路交通事故伤患者的心理特征，掌握其心理护理措施，耐心细致地给予他们心理支持，从而改善其心理状态和行为方式，是交通事故救援部门应尽的职责。在道路交通事故中不幸伤残的人，都会有表1–2所列的不良心理。

不 良 心 理　　表1–2

心理	具 体 表 现
挫折心理	无法接受和面对道路交通事故带来的巨大危害和严重伤残，拒绝承认创伤的严重性，不相信这一切是已经存在的客观现实。表现为痛不欲生、茶饭不思、拒不见人
焦虑、恐惧心理	不知所措，对当时所发生的惨烈景象不能忘却，记忆犹新，特别是已失去亲人或朋友，患者会忧心忡忡，轻者疑惧，重者惊恐不安
抑郁心理	表现为忧郁、烦躁、消极，对生活失去信心。自己把思想和行为都封闭起来，拒绝亲人、朋友和医护人员的关心，既不向医护人员了解自己的病情，也不愿向别人透露自己的病情，常常独来独往，暗自伤感，面壁发呆
悲观心理	这是患者普遍存在的心理特征，尤其是青年人，有较强的自尊心和自信心，对美感要求高，意外伤残使他们感到一种坠入深渊的痛楚。个别患者的自卑心理导致悲观、孤僻，不愿意参加社交活动，甚至产生轻生念头

（三）弱势群体的应激反应

1. 老年人面临事故的应激反应

道路交通事故发生时，如果老年人在事故现场，他们会感到更加的紧张和焦虑。相对成年人来说，老年人是一个特殊的人群，他们应对紧急事件的能力不足。而且因为平时不常出门，当遇到道路交通事故的时候不知道该如何求救，也没有足够的能力和体力去应对危机事故。灾难发生后，他们就会被转移到安全的地方，在确定身体没有疾病之后，他们就会很容易被忽视了。

如果有老年人在事故中丧失了自己的亲人，他们会更加感觉到无助和悲观。事故后的处理一般由年轻人来完成，老人的愿望和要求常常被忽视。有时候，为了使亲人或者关心自己的人放心，他们会表现得很镇定。他们也许会觉得生命即将结束，也没有什么好牵挂的了，什么都无所谓了，心里会很失望，甚至绝望，失去了生活的信心。

2. 儿童面临灾害的应激反应

依据国际《儿童权利公约》界定，“儿童”一般是指年龄低于18岁的人。儿童在交通事故中极端脆弱，特别是10岁以下的儿童。在国外，对儿童乘车安全有严格的规定，因为他们很容易受伤。儿童的思维发展还不成熟，应对危机事故的能力有限，惨烈的交通事故造成强烈视觉冲击，会长期甚至永远留在他们的脑海中，使他们不断重现创伤事件的场景，并感到恐惧，从而改变了对社会和生活的态度。

遭遇道路交通事故会使儿童十分紧张，可以引起强烈的反应。特别是面对家庭的变故，儿童普遍表现消极，担心未来。这时的恢复，主要是恢复对自己和他人的信任，但这需要时间。由于儿童在不同成长和年龄阶段的行为、社交和概念技能不同，从而表现出不同的苦恼症状和体征。在应激情况下，儿童往往希望照顾他们的人指导自己作出反应。儿童特别注意父母和其他家庭成员的行为。儿童的照顾人是他们寻求安全的主要资源，因此事故过后，如果儿童得到正确的指导和全面的照顾，他们往往和成人表现得一样好。

各年龄段儿童的不同反应：

0~2岁：易怒、哭叫、变得依赖性强或被动。

2~6岁：常常感到无力和无能、害怕分离、进行可能涉及事件某些方面的活动、否定和退缩、变得沉默、远离玩伴和成年人。

6~10岁：内疚、失败感、愤怒、幻想成为救援者、强烈专注于事件的细节。

11~18岁：反应类似于成年人，易怒、拒绝规则和侵犯性行为、恐惧、抑郁、冒险行为、可能企图自杀。

3. 妇女面临事故的应激反应

由于妇女存在经期、围产期、围绝经期等特殊的生理变化，她们相对于男性对压力应激会更加敏感，反应也会更加强烈。由于性别、角色的差异，妇女的情绪稳定性和控制能力也较弱，容易表现出各种心理行为问题。特别需要注意的是，那些在灾难中失去子女或配偶的中年妇女，她们无法面对灾难带来的毁灭性打击，她们拒绝参加以往喜爱的活动，她们常常会在夜半想起失去的家人而心如刀割，她们会长时间地沉浸在悲伤、自责和内疚中无法自拔。例如，在5·12汶川大地震后，许多再孕妈妈由于过分悲伤，导致胎死腹中。如何帮助她们抚平内心的悲伤，并积极开始新的生活，是心理咨询师和社会工作者不能回避的问题。

六、交通事故心理危机的特征

（一）恐惧

交通事故使得平时安全的道路成为了血肉横飞的事故现场，自己的爱车成为了不可控的杀人工具，使得平时方便快捷的道路交通不再可靠。亲自经历过重大交通事故的人可能会患上驾车恐惧症（图1-7），甚至对乘车都产生的恐惧，并由此导致社会退缩行为。有些比较惨烈的交通事故可以通过媒体影响整个社会。如8·26陕西延安特大交通事故，36名遇难者在睡梦中被困在熊熊燃烧的车内，完全没有逃生的机会，全国人民在对受害者深表同情的同时，也对客运交通，尤其是夜班车产生了强烈的恐惧。

图1-7　恐车症

（二）愤怒

大多数交通事故都是因为人、车、路某方面原因或多方面原因造成的，其中有

80%的交通事故与驾驶员操作不当有关。交通事故可以通过提高人的驾驶技能和心理素质，提高道路的安全保护和车的安全性能来预防。经历交通事故的人，大多会感到悔恨和愤怒。特别是无过错的一方，觉得自己是受害者，会产生怨天尤人的心理。这种愤怒甚至会迁移到救援者身上，并影响到理赔工作。这种愤怒如果得不到及时的清理，可能会导致当事人产生严重心理问题甚至人格转变。特别是有严重人为过失的事故，如甘肃正宁县的校车事故，不仅严重超载，车辆达不到校车标准，驾驶员还打着电话把车开到对头车道，导致19名儿童、1名教师和驾驶员死亡。这种严重忽视校车安全的行为，遭到了社会舆论的强烈谴责。

（三）悲伤

生命和健康是人生最宝贵的东西，交通事故直接导致受害者的身体受到伤害，这种伤害大多是无法逆转的。在事故中幸存下来的人和遇难者亲属会感到很难过、很悲伤，甚至希望死去的是自己。他们会常年思念逝去的亲人，感到世事无常，对人生产生悲观心理。近年来交通事故的经济赔偿逐年增加，虽然能够在生活上帮助遇难者家属和伤残者，但心病还要心药医，金钱买不来生命，也不能替代对心理的支持与安慰。

第三节　心理援助概述

一、心理援助的概念

心理援助指的是一套完整的技术，它能够帮助人们在经历创伤性的事件之后来关心他们的家人、邻居或者自己[①]。心理援助主要在人们的心理层面工作，工作的目标是帮助受助人将相对不健康的心理状态转变为正常的心理状态。心理援助的目的是处理紧急精神需求事宜，而不是完全的心理创伤治疗。

二、心理援助的目标

心理援助旨在通过营造安全平静的气氛，借助于他人的帮助以及社会支持，从而达到缓解精神压力的目的。其基本目标为：①提供安慰性的护理服务；②提供信息与关键资源；③建立或扩大社会与支持个体之间的联系。

---

① 灾后心理危机干预.红十字会与红新月会国际联合会和中国红十字会联合开发的支持工具包。

三、心理援助的类型

有很多人可以为那些受到事故影响的人们提供帮助。心理援助实践与培训的形式也是多种多样的。

具体来说，心理援助的主要类别有：

（1）专业人士提供的临床倾向性模式。

（2）辅导专业人员提供的临床倾向性模式。这个模式比专业人士模式需要的培训强度更大一些。

（3）其他非临床倾向性的护理与支持模式。没有对象限制，任何为受助者提供安慰与支持的人员都可以接受这种模式的培训。

本书的主要培训对象是交通管理和事故救援部门的员工，属于非临床倾向性的护理与支持模式。心理援助的基本目标如图1–8所示。

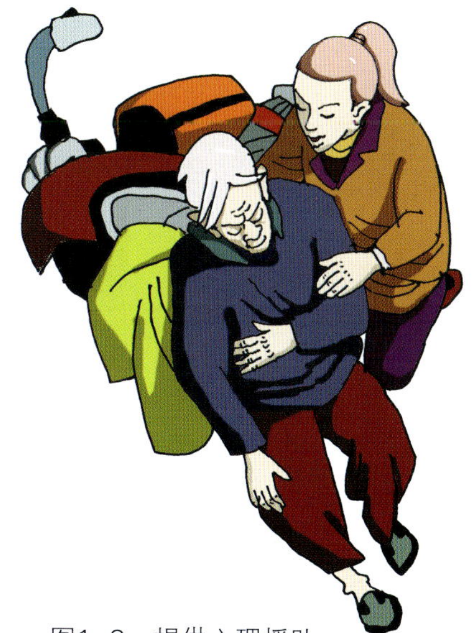

心理援助的基本目标：

提供安慰性的护理服务，提供信息与关键资源；建立或者扩大与社会、个体之间的联系。

图1–8 提供心理援助

四、心理援助与心理干预的联系与区别

心理援助是一个广义的概念，它包括所有有助于受害者心理康复的活动，简单的心理援助活动可以由行业人员或志愿者通过技能培训提供。而对于那些因危机事件导致心理疾病的患者，需要由专业的心理治疗人员做心理干预。心理干预是指给处于危

机事件中的个体提供有效帮助和心理支持的一种技术，通过调动他们自身的潜能来重新建立或恢复其危机事件前的心理平衡状态，帮助他们获得新的技能，以预防心理创伤的发生。简言之，就是及时帮助处于危机事件中的人们恢复心理平衡。学者艾维勒（Everly）认为在危机事件的心理干预中提供心理服务主要有三个目标：第一，减少急性的、剧烈的危机和创伤的风险；第二，稳定和减少危机事件或创伤情境的直接严重后果；第三，促进个体从危机和创伤事件中恢复或康复。[①]

心理援助与心理干预都是针对遭受危机事件影响而产生心理危机的人群提供的心理服务。两者含义相近，但也有明显的区别。心理援助可以由行业人员、志愿者通过技能培训，为所有产生心理危机的人群提供一般的心理帮助。而心理干预主要是指由专业心理治疗人员为因遭受危机事件患上心理障碍的患者提供心理治疗。

五、心理援助的人道主义核心原则（图1–9）

人道主义是心理援助的核心原则。它体现了对生命的尊重，它要求援助者无条件地尊重、接纳被援助者，并且不做价值评判。

图1–9　人道主义的核心原则

① 杨艳杰.危机事件心理干预策略.北京：人民卫生出版社，2012年，第40页。

（一）人权和平等

心理援助人员应当保护受紧急情况影响人员的人权，并保护那些人权可能被侵犯的个人和群体。心理援助人员还应当促进人与人之间的平等、排除歧视，这意味着心理援助人员应该针对所有受影响的人群，无论其性别、年龄、语言、种族和地域，都要根据识别出的需求，使他们能平等地获得支持。

（二）参与

心理援助需要在最大限度上促进受影响人群的参与。在绝大多数紧急情况中，大部分人都能展示出他们充分的自愈能力，并积极地参与救助和重建工作。同时，参与能够帮助每一个受影响的人保持或恢复他们对生活的决策和控制。从紧急情况的最初阶段开始，当地人群就可以也应当最大限度地参与援助行动的干预前评估、设计、执行、监督和干预后工作等。

（三）避免援助中的伤害

精神卫生和社会心理支持工作可能会导致伤害，这是因为它处理的问题都非常敏感。心理援助人员可以通过各种方式来减少伤害：例如参与协调小组的工作，向其他人学习，以尽可能避免应对措施中的重复和漏洞；在获得充分信息的基础上再制订干预措施；开展干预前、后的评估工作，对监督、检查和外部评价持开放的态度；熟悉当地的风俗文化习惯，避免处理不当造成的伤害；了解最新的、有效的干预措施和依据。

（四）利用可获得的资源和能力

心理援助鼓励建立当地的支持能力，支持自助，以充分利用现有的资源。通常外部力量推动、执行的精神卫生和社会心理支持项目常常“水土不服”，且这些项目一般来说也缺乏可持续性。因此，在可能的情况下，需要着力加强政府和民间社会的自助能力，其中的重要任务包括识别、动员并加强个人、家庭、社区和社会的相关技能和能力。

（五）整合的支持体系

整合的支持体系即最大限度地实现救援活动和项目的整合。过多的独立服务项目，常常会造成整个支持体系的高度分化，而将活动纳入到更广的体系（如现有的社区支持机制、正式和非正式的教育体系、普通卫生服务、普通精神卫生服务以及社会服务等）可能会使更多的人受益，而且活动将更有持续性，这也能减少对某些特殊群体造成的伤害。

（六）多层次的支持

在紧急情况下，人们往往会受到不同方面的影响，因而需要不同类型的支持。组织精神卫生和社会心理支持的关键在于建立多层次且相互补充的支持体系，从而满足不同群体的需求。

六、心理援助人员的职业道德要求

（一）保密性原则

保密性原则是指援助者必须严格地为求助者保守秘密，尊重求助者的隐私和合理要求，注意机密性谈话与一般闲聊的区别。尽管事故现场会存在很多对保密性原则的挑战，但进行灾后心理危机干预的工作人员仍应该尽力保护受助者的隐私权。

（二）处理知情同意

心理援助人员在提供心理援助服务之前，应该得到受助者的知情同意，但由于在事故环境中，不适合采用一般性的措施，因此需要做的是：①当与受助者接触时，先表明自己的身份是事故后心理援助的专业人士；②在向受助者进行介绍时，一定要向受助者提及专业救援的保密性原则，并予以保证。

一般来说，在面对那些深受事故影响的受害人群时，专业人员更需要做的是为受害人群提供专业、系统的知识与信息，表明自己能够帮助他们管理事故产生的压力和不适。同时，还应该向受助人员申明并保证保密性原则。同时强调保密例外，即在出现自伤或伤人可能性和涉及违法的情况下，不能遵守保密原则。

（三）避免多重人际关系的陷阱

由于事故本身的特殊性，在事故中产生的多重人际关系状况往往会给事故后心理援助人员带来很大挑战。危机事件的心理救援人员要明确自己的职责和界限，注意保持价值中立，不要承诺自己做不到的事。

交通事故的心理救援人员需要做到的是：①谨记自己的工作职责，必须避免卷入多重的人际关系网中；②要认识到自己并不是专业的医护人员，无法承担伤者的救治；③在事故的责任认定和理赔工作中要保证自己的中立性，不能因为同情受害者而破坏中立的原则；④需要明确在很多情况下，心理援助者不能单独地替受害人员作出决定。

七、道路交通事故心理援助需求

所有受到道路交通事故影响的人，心理都会或多或少受到伤害，从理论上说都应该给予心理帮助。根据受影响程度和应激反应不同，不同人群需要的心理援助是不同的，图1-10以金字塔形式展示出受危机影响的人群需要的多层次且相互补充的支持系统。

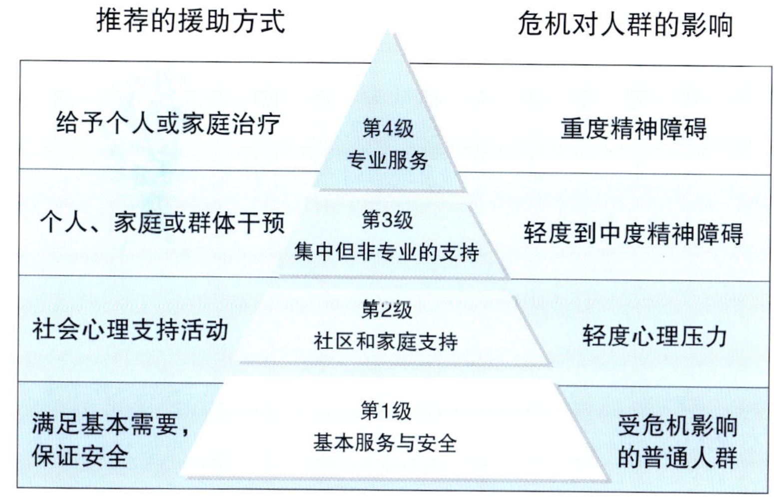

图1-10　道路交通事故心理援助需求

第1级　基本服务与安全

所有受危机影响人群的健康状况都应得到保护，应针对他们的基本需求为他们提供服务，并保护他们不要再次受到伤害。在道路交通事故的心理援助中，最基本的服务是提供安全的场所，及时的救治，交通、通信、饮食的保障，尽力满足受影响人群的基本需要。在整个救援工作中，都应关心他们的社会心理健康状况。

第2级　社区和家庭支持

多数受影响者都需要社会心理支持来恢复正常的生活，让他们能从事日常工作和事务。社会心理支持的形式有很多种，比如，帮助其哀悼遇难亲人并适应改变后的生活环境。重、特大道路交通事故后，原来的家庭关系和社会支持系统可能受到影响，所以帮助寻找、重建家庭和社会支持系统是很重要的工作。当事人最重要的心理支持主要来自原有的家庭和社会支持系统。

第3级　集中但非专业的支持

在危机事件中，少数受影响者会比其他人遭受更大的影响，他们可能会产生轻度到中度的精神卫生问题。这些人需要个人、家庭或群体援助，通常是由受过训练并接受监测的人员或志愿者提供此类援助。如果得不到帮助，人们就需要更长的时间摆脱忧伤的情绪，这期间可能会发展成重度精神障碍。

第4级　专业服务

极少数受影响者需要接受重度精神障碍的转介和照料，这包括专业的心理和精神治疗。这主要是针对那些对危机反应非常强烈的个人、家庭或社区，以及之前就有心理问题或有此倾向的个人。此等级的援助可能是个别的援助也可能需要复杂的社会援助。

第四节　灾后心理危机的应对思路

一、灾后援助工作的不同层面

1977年，美国罗彻斯特大学精神病学、内科学教授恩格尔（George L.Engel）正式提出了生物—心理—社会医学模式（Bio-Psycho-Social Medical Model）这一新概念。这一概念实现了对传统生物医学模式的超越，首次提出了导致人类疾病的起因不只是生物因素，而且还有社会因素和心理因素。所以，针对疾病的治疗除了传统的生物学方法以外，还应当使用相关的社会科学方法和心理学方法。生物—心理—社会医学模式还说明它的研究对象不仅仅是自然的人，还研究人的状态和人所处的环境。同样的道理，对灾变危机的心理重建工作也要从这三个方面来着手，并试图将它们结合起来。

（一）医学救助

医学救助是指在灾后用医学的方法挽救生命、治疗伤员，即救死扶伤，也是传统意义上灾难救助最核心的内容。在新中国成立以后，尤其是改革开放以后，我国人民的物质生活水平大大提高，医学技术也有了长足的进步。但是，灾难情境不同于医生日常的工作环境，突发性的灾难往往造成大量人员受伤，且多为复合性伤病，因此救治工作难度极大。现场救护人员凭需要了解如何帮助伤员脱离被困现场；如何对救出的伤员进行一般性检查和处理；如何处理挤压伤、骨伤，甚至是严重的多发伤等。

此外，就灾后危机所导致的创伤反应而言，针对严重的精神障碍采取的药物治疗也是一项重要的学习内容，精神医学在灾后心理重建工作中也发挥着重要的作用。

（二）心理援助

灾后心理援助在国际上也被称为“灾后心理危机干预”，指的是运用心理学的原理、技术和方法，对受害人群进行灾后心理支持、心理辅导和心理治疗，帮助人们走出心理阴影，恢复信心与力量。心理援助的三个基本模型包括平衡模型、认知模型和心理—社会交互模型。这三种模型为心理援助的不同策略和方法提供了基础。

1. 平衡模型

平衡模型实际上应该称为平衡/失衡模型（Equilibrium/Disequilibrium Model）。当人们处于危机中时，他们实际上是处于一种心理或情绪的失衡状态。在这种状态中，人们通常使用的应对机制和问题解决方法失去了效用，无法满足人们此时的应激需求。平衡模型适用于早期干预，其作用就在于帮助人们恢复到危机前的平衡状态。因为在灾难刚刚发生后，面对危机情境而不知所措，不能作出恰当的行为。因此，此时的干预工作重点应主要放在稳定当事人的情绪上。而在当事人的情绪重新恢复到相当程度的稳定性之前，干预工作不能也不应该采取任何进一步的措施。例如，对一个有自杀冲动的当事人来说，在他情绪还未持续稳定之前，就试图剖析他自杀意念的深层根源，一般只会适得其反，起不到任何效果。

2. 认知模型

一般来说，处于危机中的人给自己的暗示信息倾向于越来越消极和歪曲，且往往与危机情境的实际情况大相径庭。危机事件带来的巨大压力往往使人身心衰竭，进而使他们趋向于越来越消极的自言自语，乃至于任何人都无法取得他们的信任。但是，他们并没有关注到此时的危机情境中还存在着一些积极的因素。随着这种消极认知的发展，他们的行为也趋向于消极化，从而陷入一种恶性循环，导致危机情境没有解决的希望。因此，在危机进程的这个阶段，心理援助工作的主要任务就是改变当事人的思维方式，使之向积极的良性循环过渡，即反复思考关于危机情境的积极方面，直到这些积极的思想将原先那些旧的、消极的、具有破坏性的思想完全排挤出去。

心理援助的认知模型主要就是针对那些源于当事人对危机事件或情境的错误认识，而不是源于这些事件或情境本身的心理危机。这一模型是为了帮助危机当事人理性地认清危机事件或危机情境，并改变他们对危机事件或危机情境的观点和信念。它的基本原理在于：当事人通过改变其思维方式从而能够对自己生活中的危机加以控制。而改变思维方式的主要途径就是：一方面认识到自己思维中非理性的以及自我挫败的成分，并进行反思，同时又保持并集中注意于自己思维中理性的及自我增强的成分。

因此，心理援助的认知模型较适用于危机进程的中期。这是因为此时的当事人的情绪已基本稳定下来，并接近于危机前的稳定状态。这种干预模型的基本内容在很多治疗方法中也都有所体现，如艾利斯（Ellis）理性情绪疗法、梅琴鲍姆（Meichenbaum）的认知—行为疗法、贝克（Beck）的认知系统疗法等。

3. 心理—社会交互模型

心理—社会交互模型（Psycho-Social Transition Model）认为，人是其遗传基因与特定社会环境中的学习经验共同作用的产物，它不认为危机只是单纯的内部状态。危机既可能与内部因素如心理困境有关，也有可能与外部因素如社会及环境困境有关。心理援助的目标既在于帮助当事人分别评估内部因素和外部因素各自对危机的影响程度，也在于帮助他们充分利用各种环境资源，适当调整目前的行为、态度等。

从当事人的角度来说，他们需要适当地整合内部应对机制、社会支持、环境资源等，以获得对生活的自主控制能力。因此在心理援助的过程中，还要考虑个体以外的各种因素，例如一些系统需要改变才能解决危机。一般来说，影响当事人心理适应性的外部因素包括同伴、家庭、职业、宗教和社区等，但决不局限于这些。对于某些特殊类型的危机问题，除非影响当事人的社会系统也得到改变，或者当事人对影响危机情境的各系统的动力过程有所理解并与之相适应，否则，危机不可能得到彻底的解决。和认知模型一样，心理—社会交互模型也只有当事人的情绪在相当程度上稳定下来后才能适用。

4. 折中的心理援助

所谓折中，就是指对现存的各种方法的混合使用。它以心理援助的实际工作为导向，而不关注理论概念的探讨。它没有将干预与治疗教条地束缚于某一种特殊的理论之上，而是保持开放的态度，并坚持对各种导致成功结果的理论和策略进行实践检验。需要注意的是，理论上的折中态度并不意味着随意和漫无目的。相反，它要求心理援助者熟悉各种不同的理论和方法，并能够从不同的方面理解当事人的需要，找到并制订适合当事人的干预计划。

（三）社会救援

社会救援的基本含义指的是非盈利性的、服务于他人和社会的活动，旨在帮助有困难的人走出困境。尽管这一概念对中国民众来说还比较陌生，但社会救援在西方发达国家已经成为一种职业的、专业化的助人活动。目前，我国的社会救援主要有三种基本形式。

1. 普通社会救援

普通社会救援是在政府机关、国有企业、事业单位之中或之外普遍存在的，是人们在本职工作之外承担的，不计报酬的教育性或公益服务性的活动。如工作单位内部的工会委员等行政兼职、社会上的关心下一代委员会成员的活动等。这种社会救援是相对于本职工作而言的，这一概念的使用也是比较普遍的。

图1–11 专业心理治疗

道路交通事故是一种严重的危机事件，需要专业的心理援助。

2. 行政性社会救援

行政性社会救援是指在政府部门和群众团体中，专门从事职工福利、社会救助、思想工作等类型的助人活动。这些活动有的面向全社会，有的面向本单位成员，但这些都是助人解困或帮助人发展的活动。由于我国曾经长期实行计划经济体制，所以这一类社会救援不论在指导思想上，还是在工作方法上都会带有较强的政治或行政色彩。而从事这类工作的人员却较少接受过专业的助人训练，所以工作人员多为非专业人员。

3. 专业社会救援

专业社会救援是由接受过专业训练的社会工作者开展的助人活动。改革开放以来，随着我国社会救援教育的发展，社会工作专业的毕业生和社会工作教育人员开展了一系列职业性的或非职业性的社会服务。这些服务主要是针对困难人群开展的专业化服务，而且其较多地秉承了国际通行的社会救援理念，并运用了社会救援的专业知识和方法，这在我国还是一种新型的社会工作。

灾后社会救援的开展，一般也离不开从事普通社会工作和行政性社会工作相关部门的支持。尽管目前社会救援在灾难救助和灾后重建中，还没有一个专门的系统设置，但社会救援却承担着教育者、宣传者、服务者以及资源协调者的角色，对于受灾群众的紧急救援和日常生活的恢复以及社会网络和社会环境的重建都起着重要的作用。

二、灾后心理重建的综合应对思路

（一）心理援助与社会救援的关系

在灾后紧急救助和恢复重建的过程中，我们需要根据不同灾难发生后的不同阶段，不同人群以及受助个体的具体特征，综合采用医学、心理学、社会学的方法开展救援和重建工作，以达到受助者效益最大化。从总体上而言，心理援助与社会救援既相互区别，又相互联系，这是两个学科需要结合和能够结合的基础。心理援助关注的是相对偏离了正常心理状态的个体，旨在为经受巨大损失的受灾群众缓解心中的悲伤，尽快使其心理恢复到正常的轨道上来。而社会救援关注的是为受灾群众匹配合适的物质、专家资源，促使他们得到新生、重建，获得更好的生活。简而言之，心理援助工作主要在人们的心理层面，工作的目标是将受助对象相对不健康的心态转变为正常的心态；而社会救援主要在资源层面工作，工作的目标是使个体和各种资源（包括物质的、心理的、社会的资源）之间建立更好的联结。

但心理援助与社会救援的相通之处更多。从学科目标上来说，心理援助与社会救援都旨在“助人自助”，即解救危难，解决困难，使个体更好地发挥自己的潜能，进入更满意的生活状态；从方法上来说，社会救援的具体方法很多都是基于相关的心理学理论，而心理援助需要前期的社会救援与受助者建立良好的关系，同时后期到位的社会救援更能保证心理援助的效果，使其在咨询室以外的地方能得以继续进行，不受或尽量少受不良环境因素的影响。

总之，社会救援是心理援助的一种特殊形式，而心理援助也是社会工作的一个重要内容。灾后心理援助与社会救援相辅相成，缺一不可。

（二）对不同层次受害人员的心理援助

根据灾难对人们造成影响的不同程度，我们可以把被灾难影响的群体大致分为三级，在干预的过程中需要对这三级人群采取各有侧重的干预策略。但这种划分也是相对的，本书仅仅为读者提供一个大致的理论框架。在实际工作中，心理危机干预工作者还需考虑个体自身康复能力的好坏，这也是一个重要的因素。

第五节　道路交通事故心理援助的特征

一、道路交通事故心理援助的要求

（一）及时反应

重大的道路交通事故往往会对当事人造成猛烈的心理冲击，经历了事故的幸存者、受害者及其家属、现场的目击者都会产生恐惧、震惊、慌乱、焦虑以及抑郁等心理问题。为避免这些反应的持续发展导致心理障碍，心理援助应当及时对此作出反应，并应迅速介入其中开展工作，才能产生更好的效果。这时候心理援助的主要任务是立即处理事故后的紧急情况，并对事故的幸存者进行援助。其主要的援助为：①及时开展心理疏导安慰，促进交流，鼓励当事人充分表达情感和思想；②防止过激行为，如自伤、自杀、攻击行为等；③提供适当的医疗帮助，比如简单的包扎。

图1–12　我什么都没有了

（二）分类分阶段进行

交通事故发生以后，要及时地对事故当事人进行心理援助，但这并不意味着立刻就对受伤者进行安慰。援助人员应当根据事故后心理状况的不同，分人群、分阶段地进行。一方面，创伤本身因人而异，有些当事人的心理创伤具有较强的隐蔽性，需要仔细的观察和评估；有的人心理比较脆弱，如老人、儿童、丧亲者、致残人员等特殊群体，心理创伤可能会比较严重，需要针对其心理特点进行援助。另一方面，许多事故发生后，受影响人群的心理状态也会随着时间、地点而变化。因此，心理援助应根据心理变化的时期，采取不同的措施。一般心理援助分为三个阶段，即：①一周之内的心理应激时期；②第二周到三个月的灾难后早期心理适应期；③四个月以后的心理重建时期。

图1–13　提供长期的心理支持

这是我的联系方式，需要我帮忙的时候，就给我打电话。

（三）积极主动参与

交通事故发生后，大多数当事人并不能意识到自身心理援助的需求，因此很少有人主动到心理诊所来寻求帮助，但这并不意味着他们不需要心理援助。提供心理援助的工作人员应当积极主动地去接触这些人员，尤其是在早期的心理援助阶段，援助者对他人主动、真诚的关心往往会产生良好的效果。特别是援助者从帮助当事人解决实际问题来入手，这样的关怀效果会更好。

（四）提供长期的心理支持

道路交通事故发生后，当时所进行的心理援助作为一种短暂、应急的措施，往往会得到许多人的关注。但随着应急处理的结束，人们会逐渐减少关注，心理援助的人员也渐渐离开。而这一时期仍然会有很多心理问题表现出来，如一些痛苦的回忆随时有可能由潜伏的刺激而诱发。对于部分当事人来说，这些创伤可能持续几个月、几年甚至一生，这决定了心理援助和干预工作的长期性。如果心理援助和干预缺乏持续性，一些创伤就可能成为永久性的心理障碍。

心理援助的禁忌：

在心理援助中，对幸存者进行干预时要注意：①一定不要强迫生还者向你诉说他们的经历，尤其是涉及隐私的细节；②一定不要只给简单的安慰，比如“一切都会好起来的”或者“至少你还活着”等；③一定不要告诉他们你个人认为他们现在应该怎么感受、怎么想和如何去做，以及之前他们应该怎么做；④一定不要空许诺言；⑤一定不要在需要这些服务的人们面前抱怨现有的服务或是救助活动。

二、道路交通事故心理援助的必要性

（一）道路交通事故无法避免

交通是社会经济和社会生活的大动脉，良性运作的交通系统是国民经济和人们正常工作、生活的根本保证。随着汽车工业的发展，交通已经成为现代生活中必不可少的一个重要因素，至2011年，我国人均汽车保有量已经上升为17人/辆。而我国交通的快速发展也为交通事故的发生带来了巨大的隐患。近年来，尽管交通运输和管理部门对安全问题非常重视，整治、消除了相当多的安全隐患，但依然有大量的交通安全问题存在，主要有：①事故多发路段和危险路段的整改问题；②客、货车辆的超载现象；③路面维修引发的问题；④马路市场的问题；⑤乡村道路交通的安全问题；⑥农村非客运车辆营运载客等违法行为；⑦交通安全宣传“五进”工作问题；⑧道路交通的标志标线问题；⑨执法环境恶劣，公安交警部门在开展各项专项整治工作中存在查处难、执法难、处理难等问题。除此之外，加上行人、驾驶员等一些人为因素的不确定性，使交通事故的发生在很大程度上变得无法避免。

（二）单纯的经济赔偿无法弥补心理创伤

在我国，《中华人民共和国道路交通安全法》规定了交通事故中经济赔偿的普遍原则和计算方法，但是由于每一宗交通事故都具有其特殊性，因此无法每次都明确地计算出最精确的经济赔偿方案。

从精神损害的角度来看，尽管在道路交通事故中确立精神损害的救济符合法律的规定，但在实际中，精神赔偿往往不能得到足够的重视。精神损害是一种肉体上和心理上的非正常状态，具有无形性和抽象性的特点。目前交通事故的赔偿在法律界和司法界也仍存在着很大的误区：第一，随意提出要求索取高额赔偿金。一些要求甚至超越了实际的案情，不符合法理的公平原则。第二，扩大范围、曲解精神损害赔偿的意义。精神损害赔偿在法律中主要还包括停止伤害、消除影响、赔礼道歉等，而不仅仅是单纯的经济赔偿问题。因为人不是作为“经济人”生存在社会上的，经济只能解决人生存最基本的一些需要。根据马斯洛的需求理论[①]，在生存需求之上，人还有更高的需求，安全需求就是在交通事故之后最需要得以保障的需求。如果安全需要都得不到满足，更何谈之后的社交、尊重和自我实现的需求。所以，通过心理援助，可以为交通事故的受影响者提供心理方面的支持，帮助他们接受不幸的现实，正确面对丧失，放下创伤，勇敢地走向未来的生活。

图1–14　交通事故使受害者及家属陷入痛苦

三年前，老王的两个儿子在外打工，春节回家的时候，不幸遭遇车祸。微型车沿着陡峭的山坡，滚进了大江之中。老王至今仍然不相信两个儿子都已经去世，他一直在等待着儿子，幻想着儿子又回到了自己的身边。只要有人说他的儿子已经不在了，他就暴跳如雷，和人争吵。因为思念儿子，三年来，他吃不安睡不稳，身心受到了严重的摧残。

（三）心理援助是事故救援的重要组成部分

突发的交通事故往往在顷刻间使受害者及家属陷入痛苦的深渊，而绝大多数人都不能单独地面对如此巨大的创伤。对经历过生离死别的人来说，如果缺乏细致入微的

① 马斯洛需求层次理论（Maslow's hierarchy of needs），亦称“基本需求层次理论”，是行为科学的理论之一，由美国心理学家亚伯拉罕•马斯洛于1943年在《人类激励理论》论文中所提出。该理论将需求分为五种，像阶梯一样从低到高，按层次逐级递升，分别为：生理上的需求，安全上的需求，情感和归属的需求，尊重的需求，自我实现的需求。

心理抚慰、援助和疏导，他们很难在短时间内脱离悲伤和痛苦，回归正常的生活。而及时、有效的心理干预与援助，可以帮助当事人积极应对灾难，防止或减轻不良的心理反应和心理障碍的发生，促进心理康复。国务院发布的《国家突发公共事件总体应急预案》中也要求："对突发公共事件中的伤亡人员、应急处置工作人员，以及紧急调集、征用有关单位及个人的物资，要按照规定给予抚恤、补助或补偿，并提供心理及司法援助。"[①] 2002年大连5·7空难后，我国开始了交通事故后危机干预的初步尝试。结果发现，是否得到专业人员的心理干预，遇难者家属有着截然不同的表现。此外，包括交通事故在内的许多突发事件中的心理问题更多地与具体困难和问题纠缠在一起，这不仅使心理援助变得更加复杂，也说明了心理援助在整个救援过程中是不可或缺的。

（四）心理援助是遇难者家属的重要需求

遇难者家属在交通事故发生时，可能亲眼见证了亲属的遇难过程，他们由此产生的心理创伤是巨大的。即使发生事故时遇难者家属没有参与其中，但是亲人的受伤、罹难也会给他们带来巨大的情绪变化。这些亲属往往很长时间里无法从悲伤中走出来，回避与人进行沟通，此时就需要专业的心理援助人员对他们展开心理疏导，帮助其舒缓痛苦、愤怒的情绪。

这是一个只有老人和孩子的家庭，年轻的夫妻在交通事故中丧生，留下年迈的父母和三个孩子。两个老人都已七十多岁，不知道还能维持多久。三个孩子大女儿七岁，二女儿三岁，小儿子一岁半。因为遇难者是事故的主要责任人，经济赔偿不多。这个家庭的生存问题，孩子的教育问题令人担忧，他们渴望得到社会的帮助。

图1–15　心理援助是遇难者家属的重要需求

① 国务院.国家突发公共事件总体应急预案.运行机制.善后与重建.善后处置。

（五）当前我国交通事故心理援助的缺失

目前我国对于交通事故的心理援助和干预尚未形成专门的职责部门，且没有具体的规章制度。因此，在大多数紧急的交通事故发生后，援救者一般只能提供生理救治及财产赔付。而在心理援助方面，大多只能提供一些非专业的表层安慰。由于缺乏相关的专业训练，大多数救援人员在面对这些情形时往往不知道该从何处入手，又该如何处理。再加上心理创伤的复杂性，如果处理不当，还会对当事人的心理造成二次伤害。

此外，在事故发生后，当事人形成的心理创伤不一定会马上表现出来，有的当事人其心理危机的潜伏期可能长达几个月。因为事故刚发生时，大部分幸存者关注的是生存问题和恢复正常生活所必需的物质条件。而一般的心理急救往往无法发现这些隐藏的问题，反而有可能让这些潜在的心理问题恶化。因此，从事发现场的心理急救到创伤后应激障碍的心理干预，都需要更多经过培训的专业人员参与进来，为不幸的受害者提供更专业心理援助（图1–16）。

图1–16　为受害提供心理支持是社会的责任

（六）心理援助可以避免不良的社会影响

由于交通事故所造成的危机状态构成了对事故相关人员的威胁，在这种状态下，不仅社会和事故直接相关人员蒙受了巨大的损失，而且还会对其他社会知情者造成一定的心理影响。因此，在交通事故的处理中，除了必要的经济补偿赔付和医疗服务外，还应及时地提供相应的心理援助服务以维持社会的秩序，而这也是政府职能的体现。

尤其是在特大交通事故发生后，一般需要政府相应部门调动力量综合运用各种手段和措施充分介入，以最快的速度和最大的努力避免不良的社会影响。而在这一过程中，心理援助可以发挥更重要、更持久的作用。

三、道路交通事故应该介入心理援助的情景

（一）异常情绪

异常情绪主要有恐惧、焦虑、愤怒等。

交通肇事现场，一个十几岁的受伤的小男孩，一直说："我不想死，我不想死……"

（二）异常行为

异常行为主要有呆滞、木讷、木僵，甚至行为失控、自伤或伤人。

一位年轻妇女在交通事故中失去自己仅有56天的孩子，4天后交警对她进行笔录时，发现她在描述当时的情景时表情看上去并不像想象中那么伤心，只是抽烟，但对问题答非所问。

（三）不接受亲人已经逝世的现实

当死者家属来到交警队时，不承认自己亲人已故的现实，问交警她的家属在哪个医院，伤到哪里了。交警如果跟他说她亲人不在了，她会说不可能，说他们什么时候才通过电话的，通话的时候还说了些什么。

（四）事故处理后救援者可能面临的心理问题

参与道路交通事故处理的交警在第一次处理碎尸的交通肇事现场后，夜晚睡觉时眼前老是"放电影，一直出现当时的各种情景"，不敢关灯睡觉，不易入睡，说"所以我才最需要心理疏导嘛"。

（五）创伤后的应激障碍更需要心理援助

当问及一名在职交警"你认为交通事故死者家属或者伤者什么时候最需要心理援助"时，他回答说"才开始的时候，他们把注意力放在经济赔偿方面。刚发生交通事故后的几天，他们的情绪很激动，劝的人也很多，但劝什么他们都听不进去。倒是一段时间后，其他人忙别的去了，这时他们才最需要心理援助。"

图 1–17

事故无情人有情。心理援助者愿意用自己的爱心，帮助受害者接受不幸的现实，找到生命的意义，恢复正常的生活。

第二章 道路交通事故现场的心理急救和支持性沟通

2

瞬间发生的道路交通事故如一把利剑，深深地在受害人的心灵上刺了一道伤口，使他们震惊、恐慌、不知所措。现场的心理急救，就好比是给伤口做个简单包扎，可以快速止血，防止伤口的再次拉伤和感染。专业的支持性沟通，可以为受害人提供有效的社会支持系统，给不知所措的受害人提供及时的保护。事故现场的心理急救和支持性沟通不仅可以减轻受害人的心理创伤，还可以为后期的心理干预奠定基础，有利于受害人正确地面对不幸，逐步恢复正常的生活。

无论是在惨烈的道路交通事故现场，还是在紧张的医疗抢救室，或者是在遇难者的家里，当我们救援者看到悲痛欲绝的受害者，都会想到要给他们提供有用的帮助和恰当的安慰。但如何才能让受害者感到尊重并接受我们的安慰？我们应该做些什么，不应该做些什么？如何处理过激的情绪？如何有效地与受害者沟通？在参与事故现场急救时，我们应该怎样协助救援工作？本章将对这些问题作出解答。

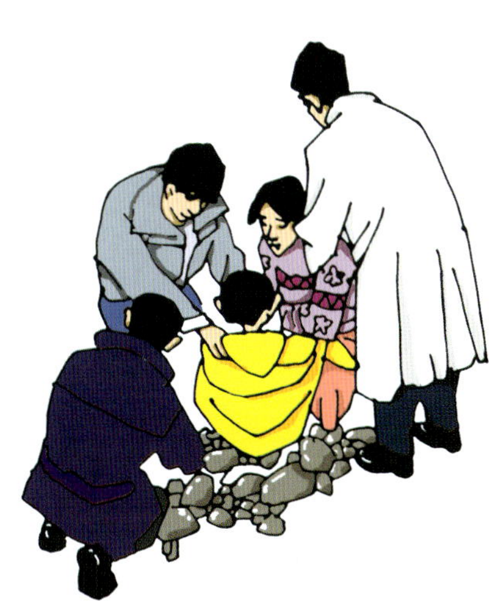

图2-1　专业的支持性沟通

专业的支持性沟通，可以为受害人建立有效的社会支持系统，给不知所措的受害人提供及时的保护。

第一节　道路交通事故心理急救行动

一、交通事故现场的心理急救

心理急救是基本的社会支持，是在突发事件后，及时在现场提供基本的、人性的支持。同时提供实用的信息，表达同理心、关心、尊重，并对受影响人的能力充满信心。目的是为了缓解初期的悲痛并促进康复，并为后期的其他支持建立基础。

每一次重、特大交通事故发生后，都会有人成为丧亲者或伤残者，他们的内心无比悲痛。对已经发生的事故，谁都无力回天。但救援者可以尽最大的努力给予他们帮助和支持，让他们感到事故无情人有情，让他们受伤的心感受到来自社会的温暖。他们会因为有了依靠而增强战胜灾难的信心，受伤的心会因为有了支持而更加坚强。

图2-2　介绍自己及可以提供的帮助

现场急救可根据以下步骤来进行：

（1）介绍你自己及你可以提供的帮助，与需要援助的人建立联系。

（2）如果可能，让他们离开事故现场，到一个安全的地方，并减少他们的视觉、听觉、嗅觉的刺激。

（3）保护他们免受旁观者和媒体的影响。

（4）确认他们的体温正常，如有必要可提供毛毯保暖。

（5）询问他们是否需要帮助，比如联系他们的亲人。

（6）询问是否有家人可以来照顾他们，是否想和谁交谈。

（7）询问事故发生后他们做了什么，比如是否打过110和120急救电话。多关注他们的感受。如果他们不想谈，可陪伴着他们。

（8）陪伴他们直至他们的亲属到来。如离开他们时其亲属未到，应找其他人陪伴。

（9）提供关于事故救援的相关信息。

（10）给他们提供足够的食物和饮品，但避免饮酒。

（11）询问他们是否累了，是否需要找个地方休息或要去什么地方。

二、心理急救的原则

（一）宽容

宽容意味着我们要对所有人一视同仁，尊重每一个人。有时候做到这一点很难。但作为心理援助者，这就意味着你有义务在别人需要时伸出援助之手。

> **心理急救的原则**
>
> 宽容
> 保持界限
> 尊重他人隐私
> 寻求帮助
> 照顾好自己

（二）保持界限

在试图帮助别人的时候，援助者也可能会冒犯到他们。如：指挥别人，发表个人观点、价值观和信仰，与受害者或救援人员走得过于亲近等。而在以下情况中，援助者有可能已经超越了界限：在别人不想说话时逼着他们说，在不太熟悉的情况下询问太多私人问题，在别人不愿意的情况下坚持要他们讲比较私人的事情。

提供心理急救不是让你成为一个“小顾问”，而是让你为他人提供安慰和支持。要记住对于当事人来说，你只是一个“外人”，最能给予他们生活支持的，是他们最亲的人，而不是你这个“专家”。

（三）尊重他人隐私

在提供心理急救时，可能我们会听到许多私人的倾诉。这时，为受害者和其他救援人员保守隐私就显得很重要。但如果受害者由于受到巨大的心理创伤，有自杀、自伤或者想伤害他人的想法时，就不应再为其保密。这时就必须通报他们的亲人及相关领导，并采取强制措施。如果需要，还应该送到专业的治疗机构。

（四）寻求帮助

有时单单提供心理急救是不够的，虽然大多数情况下可以解决问题，但有些人需要额外的心理帮助。因此，援助者要有意识地识别这种情况，并在需要时将对象转介到专业治疗机构。

（五）照顾好自己

由于救援工作充满了压力，有时运用心理急救原则帮助他人时，救援者也会增加这种压力，所以一定要照顾好自己。特别是在事故现场，一定要确保自己的安全。

三、心理急救的介入途径

图2-3　通过参与救援过程来介入救援工作

心理援助的介入途径

做好善后工作如抚慰遇难者家属，协助做好赔偿工作，安定人心。

为当事者提供及时准确的信息。

配合整体援助任务。

做好心理检测和预报。

心理援助是心与心之间的沟通，要提供心理援助，首先要搭建沟通的桥梁。一般情况下，心理援助者与当事人是陌生人的关系，怎样才能在最短的时间内取得对方的信任，是需要一定专业技能的。我们不能一到事故现场，就直接与正处在惊恐状态的当事者说，我是心理援助者，你有什么痛苦就和我说。这样做只会让人产生反感和抵触。我们应该通过参与救援过程来介入救援工作，找到需要的对象，找准恰当的时机完成心理援助工作。

（一）做好善后工作如抚慰遇难者家属，协助做好赔偿工作，安定人心

对死难者家属的安抚工作，要有专业人员陪伴在身边，给予一定支持帮助（图2-4）。必要时适当分散特殊人群的聚集，避免集体情绪失控，同时也要防止影响周边人群的情绪，引起广泛地情感暴发而加重心理创伤或造成恐慌氛围，干扰救援工作的进行。

图2-4　陪伴可以帮助当事人重建信任和安全感

（二）为当事者提供及时准确的信息

交通事故发生后，人们需要及时了解救援工作的组织、实施和进展；事故的原因和责任划分；伤者是否已得到及时救治；死者的善后是否已妥善处理；理赔工作的进展。如果这些事情处理不当，会对受害者的心理造成二次伤害。作为交通事故的心理援助者，必须及时掌握这些信息，关心他们最关心的事，协助他们做好该做的事，尽力照顾好当事人，才能真正帮助受害者。

（三）配合整体援助任务

通过参与救援工作适时地介入心理干预，同时也为协调政府与民众之间的互动沟通提供帮助。心理救援者应该参与到所有的救援工作中，并在工作中与受害者建立关系，及时给予他们帮助。所有的救援者都应该具备一定的心理援助知识，在救援过程中尽量保护受害者的心理不要受到二次创伤。

（四）做好心理检测和预报

尽可能又快又准地对当事人的心理状况作出评估，选定最需要做心理干预的目标。如果是自己难以处理的复杂情况，要及时汇报和求助，或及时将严重的应急障碍

患者送进专业治疗机构。

（五）做好心理卫生宣传

动员社会各界力量宣传心理危机知识、自我心理调适知识、心理援助地点及联系方式等。让当事人在需要的时候，能找到可以帮助他的人。

四、心理急救的要素

（一）紧密陪伴

一个人在危机中暂时丧失了基本的安全感和对外界的信任感。对他或她来说，世界突然间成了一个危险、混乱和不安全的地方。救助的志愿者或工作人员，可以通过陪伴他们来帮助他们重建信任和安全感，接受他们表现出的焦虑或极端情绪。

（二）专注倾听（图2-5）

通过认真的倾听，让当事者讲述他们的故事，有利于他们理解并接受这一事件。

图2-5　专注倾听

认真聆听他人的诉说很重要。这样可以帮助别人度过艰难的时期。通过讲述自己的故事，往往会帮助他们理解并最终接受这一事件。援救者应该专心倾听他们的诉说，不要忙于询问和澄清他们的讲述。同时，频繁的目光接触和身体语言也可以帮助倾听。若在事故现场时，可能没有多少时间倾听，但在救护人员到达前，倾听和陪伴他们仍然很重要。

（三）情感接纳

保持开放的心态，倾听述说，并接受当事人对事件的看法，理解和尊重他们的情感。不要急于更正事件的事实信息或对事故后果的看法。做好迎接情感爆发的准备，因为受害人可能会拒绝帮助。援助人员需要透过眼前的情况看到长远的事态发展，并与他们保持联系，以备他们之后想向你谈论发生的事情。

理解和尊重当事人的情感，做好迎接情感爆发的准备。如果当事人拒绝帮助，可保持一定距离关注他。

图2-6　理解和尊重

图2-7　提供常规照料和实际帮助

（四）提供常规照料和实际帮助

当一个人面临危机时，如果他人能以实际行动施以援手，这将是莫大的帮助。援助者可以联络相关人员来陪伴当事人，如：安排人帮助从幼儿园或学校接送儿童；开车将当事人送回家或急诊室。这些都能表现救援者的关心和同情。但救援者也要避免承担太多责任，只要符合当时的救助情况即可。

事实上，危机事件影响的时效性不

仅限于事发当时，它具有很强的继发效应和远期效应。危机事件发生后人们常见的严重应激反应是急性应激障碍、慢性应激障碍及适应障碍。

五、道路交通事故心理急救行动

道路交通事故的心理急救行动是在事故发生后的最短时间内，按照事先制订的心理救援预案为当事人提供建立在事实基础上的心理急救。实际上，危机的干预从狭义上也是一种短期的应急干预，正如通过对身体外伤的紧急包扎来止血一样，它被称为心灵伤口的紧急包扎，以避免造成更大的伤害。

从理论上讲，这些突发事故后的心理干预越快越好，应尽量在当事人心态未落入谷底之前干预，尽可能用最短的时间，让其恢复到正常水平，可在伤害后的24～72小时之内进行。因此，当重、特大道路交通事故发生后，有关部门应立即启动心理应急预案，联系心理危机干预专家，迅速组织心理援助队伍，与进行生命援救、物质援救的其他救援人员一起在第一时间出现在事故现场，实施必要的紧急心理援救。

（一）心理援助专家组的应急行动

心理援助的专家组在特大道路交通事故发生后将起到非常关键的作用。专家组的人可能来自于不同的单位，从事着相关的心理辅导、救治工作。事故一旦发生，应急的指挥中心就应及时组建危机管理队伍，以配合其他相应救援队协同工作。其具体的工作内容包括以下方面。

1. 监测、评估和预警

经历灾难的人有一定的自我康复能力，但这需要经历一个心理变化的过程。心理援助工作也应该针对事故发生的不同阶段所面临的不同情况，有针对性地开展。所以，危机干预的专家在灾难性的事故发生后，应及时对受害者的心理状况进行监测、评估和预警，对受害人群的精神卫生需求进行评估，并确定事故后心理危机干预的重点人群，提供当事者的心理情绪指数，对心理干预工作进行评价、总结。最后将这些内容上报给心理危机应急干预协调小组。

2. 组织、指挥与协调

在应急指挥中心的统一指挥下，心理干预专家组负有对心理急救进行组织、指挥与协调的关键职能。

第一，事故发生后，心理干预专家组应迅速组织心理应急干预队伍，奔赴现场，同时应急联络人（一般也是专家组负责人），应确保24小时不间断地与应急指挥中心和心理危机应急干预协调小组保持联系与沟通，以便能及时解决出现的问题。

第二，立即启动心理干预专家组下设的分小组，按照各自主要的职能分别行动。监测、评估和预警小组负责在交通事故发生初期，对事故造成的心理情绪指数与心理干预作出整体评估和总结，上报专家组。同时，在整个救援过程中，负责每日收集、评估和分析来自心理危机干预救援队伍的报告，向相应的交警应急指挥中心汇报。对于一般性的交通事故，心理干预的方案要更加具体、具有操作性以及权威性，这样才能真正发挥作用。

第三，协调各个心理援助团队的工作，避免重复干预。心理受到创伤就像是身体某部位受到外伤，急救是通过清理伤口并包扎起来避免发炎感染，但是包扎并不是一劳永逸的，还需要定期处理换药等，心理急救也是同样的道理。如果缺乏组织与协调，各救援队伍不清楚之前的同行心理急救开展到了哪一个步骤，就很难正确把握彼此的工作程序，从而会打乱正常的工作进程。

（二）心理急救援助者的工作策略

1. 道路交通事故心理急救的准备工作

在进入交通事故现场进行救援之前，具有心理干预经验的心理救援者首先要做的是搜集相关信息。它包括：①了解所有关于救援设施的放置地点和功能。②了解关于交通事故的发生状况及救援等各方面的信息。如事件的基本性质、事件发生后的基本形势、哪些救援工作正在进行、哪些地方可以提供服务、事件的后续发展等方面的准确信息。这些信息都是事故受害人特别需要得到的信息。如果紧急心理救援人员能够尽快搜集到这些信息，并及时提供给交通事故当事人，有助于帮助他们有效地应对心理危机。对于重、特大交通事故，还要清楚事故救援的基本情况，如救援工作进展状况、伤亡情况、道路、天气以及上级领导对救援工作的要求和关心等。这有助于心理救援人员确定提供救援的方式与类型，是保证心理救援活动顺利开展的重要准备工作。因此，紧急心理救援人员应与负责处理事故现场的负责人之间建立良好的沟通与交流，以尽快了解到这些基本信息。

其次是关于实施心理救援的必要物质准备。一方面，要确定干预对象的分布和数量。在特大交通事故中，由于需要心理危机援助的人数较多，紧急心理救援人员还需要联络、了解所要干预的家庭、各家医院、住院受伤人员、死难者及家属分布和安置情况，然后制订具体的干预流程和路线。另一方面，如果紧急心理救援人员是以团队的方式进入事故现场，还应该对团队的食宿、干预队员自用物品、常用药品等做好准备、安排。

2. 紧急心理救援的基本规范

首先，要选择恰当的时机和场合开始心理援助，必须在正确的时间、正确的地点，询问正确的问题。比如，不能在当事人急于抢救自己的亲人时，问些与抢救无关的问题。心理急救的地点，可以是事故现场、医院、临时安置点，也可以是当事人家中。在突发事件应急指挥部指定的区域里，紧急心理救援人员可以将其划分为几个功能区，如团体辅导区、个别辅导区、工作休息区等，以便提供不同形式的心理救援。

图2-8 筛选出需要心理急救的当事者

要集中注意那些表现出明显应激反应迹象的当事者，筛选出需要心理急救的当事人（图2-8）。这些迹象包括：①方向感混乱；②思维混乱；③行为狂躁；④恐慌害怕；⑤行为极度退缩，麻木冷淡，或者“不言不语”；⑥情绪极度急躁或者生气；⑦过度焦虑、操心。

此外，还需要关注那些高危人群，交通事故发生后，处于高危险状态的人群通常包括：①儿童（特别是那些父母伤亡的儿童）；②生理上有病的成年人；③老年人；④有严重心理疾病的人；⑤肢体上残疾或有病的人；⑥怀孕的妇女；⑦抱婴儿或带孩子的母亲；⑧参与危机干预和救援的专业人员；⑨遭受巨大物质损失的人员；⑩直接经历了惨烈事故场景或遭遇了生命危险的人。紧急心理救援人员要根据以上这些迹象和特征，决定需要为哪些人提供紧急心理救援，同时，还要根据环境和时间的限制，制订与这些人交谈的计划。

其次，紧急心理救援应始终记住其干预的目的是减轻事故当事人的心理压力，随时为他们的需要提供及时的、可行的有效帮助，推动突发事件当事人心理功能的有效发挥。而不是引出或了解当事人经历突发事件的细节，也不是了解或确认他们在突发事件中遭受了哪些具体创伤。为此，在与当事人交谈中要特别注意：

①首先要礼貌、客观地观察，不要急于介入。

②只有在对整个情况或者对当事人有所了解并确信自己的接触不会产生侵犯或损害时，才能开始与当事人进行交往。

③对于当事人可能采取的回避或一拥而上的行为都要有充分的准备。和每一个希望与你接触的当事人保持简单明了但又热情尊重的交往。

④说话时要始终使用简单、具体的词语，尽可能不使用专业术语，并尽量说得慢一点。

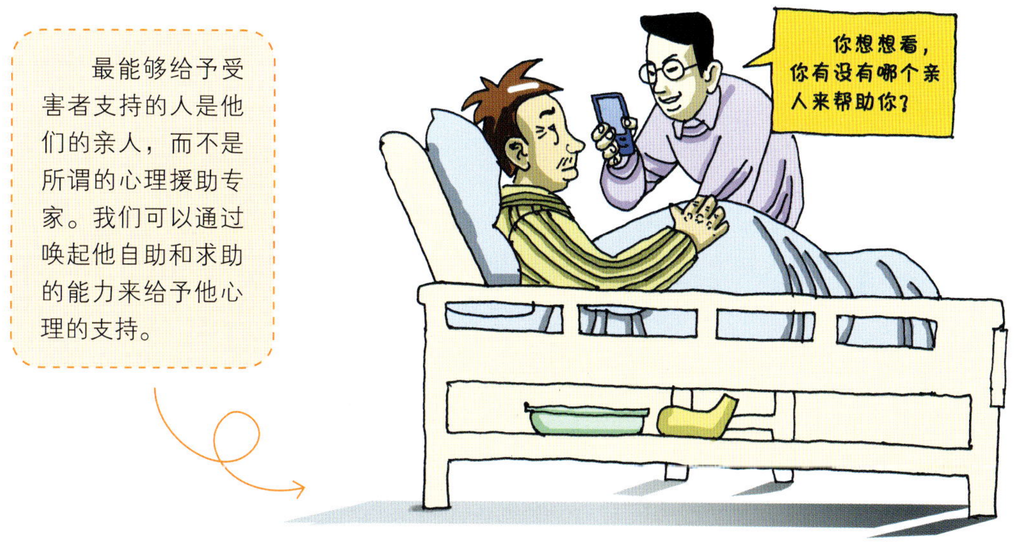

图2-9　唤起自助和求助能力

⑤如果当事人想要交谈，要随时准备倾听。在倾听时，要集中注意了解他们想说什么，他们希望如何获得帮助。

⑥要注意了解当事人在怎样保护自己的安全方面做了什么，有什么积极的措施。

⑦为当事人提供准确的、适合他们特点的相关信息，并使提供的信息能有助于当事人直接实现他们所要达到的目的。

⑧随时纠正他们不准确的观念，在必要的时候或对方未理解的时候，要反复说清楚自己的意思。

⑨如果由于语言的关系需要别人来翻译或转述的，紧急心理救援人员要用眼睛看着那些需要沟通的人，而不是那些做翻译或转述的人。

最后，紧急心理救援人员应随时作出榜样，始终注意保持恰如其分的自信、冷静形象，以确保危机干预实施的有效性。这是因为：人在危机情境中通常会根据他人的反应行为方式来决定自己的行为方式，如果紧急心理救援人员能展示出清晰的思维与冷静的形象，常常会为受害者带来安全感与希望，尤其是他们正在应付各种迫在眉睫

的压力的时候。

3. 紧急心理救援应避免的语言和行为

汶川地震后，一些心理救援人员的非专业语言和行为遭到了灾民对危机干预的反感。这提醒紧急心理救援人员要十分注意语言的表达。

在道路交通事故的危机处理中，应尽可能地避免出现下列语言表达与行为：

（1）不要用肯定的语气来表示交通事故的当事人正在经历什么事情，或者已经经历了什么事情。

（2）不要使用肯定的语言说凡是遇到突发事件的人都会产生心理障碍。

（3）尽可能避免语言的“病理化”，要帮助当事人理解：面对突发事件所产生的绝大多数应激行为都是可以理解的、都是正常的。避免把这些反应称作“症状”。

（4）尽量避免把谈话的重点放在当事人的无助、弱点、错误或者无能上。可以把谈话的重点放在当事人在危机中和现在的环境里已经做了哪些有效的事情，或者为帮助别人做了哪些贡献。

（5）不要认为所有当事人都需要与援助者交谈。

（6）尽可能避免通过询问、了解交通事故的细节等来展开心理救援工作。

（7）尽可能避免自己推测，提供错误的或者不具体的信息。为了避免不了解被问的事情，我们应该尽可能地去了解具体的事实。

（8）不能向当事人建议某些我们自己也不清楚的应对方法，要避免把某些观点和想法当作事实。

本书尝试用表2-1来指导在心理急救中的言行。

心理急救中的言行　　表2-1

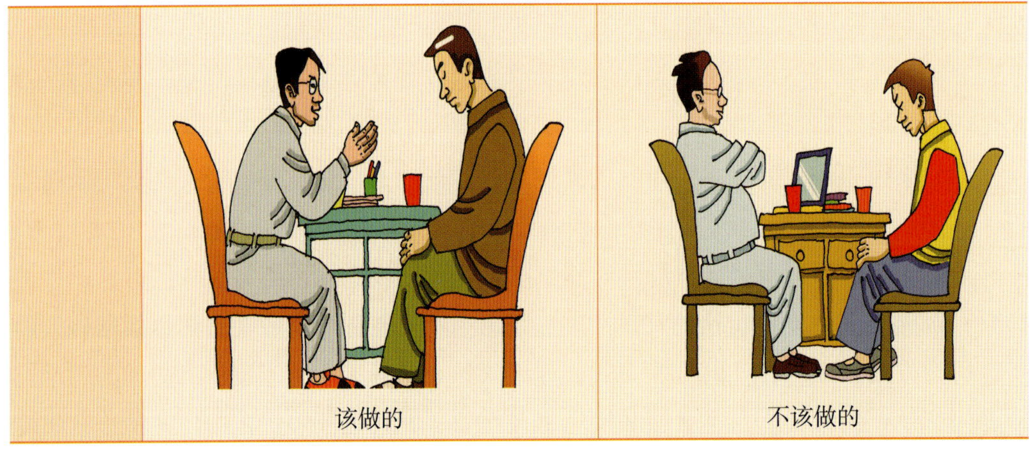
该做的　　不该做的

续表

行为（行动及身体语言）	正面对着或坐在受害者或救援人员的近旁	仰坐着，双臂交叉置于胸前
	适当的眼神接触	在受害者或救援人员与你交谈时左顾右盼或看起来心不在焉
	使用专业性的方式	
		在受害者或救援人员与你交谈的过程中离开
表达（说话的内容）	你一定会感到这痛苦永远无法忘记	时间能治愈一切
	你深爱的人不再痛苦，但我知道你在遭受痛苦	你这不算太糟……你要是知道那个人经历过的……
	我无法想象你此刻的感受，我只想让你知道我是多么地在乎你	别这么想
	这对你来说一定很难面对	你还能活着就谢天谢地了
	请允许我做任何对你有帮助的事情	在这种情况下应该想开点儿
	哭吧，你尽情地哭吧	你深爱的人可以安息了
	告诉我你的电话，我会给你打电话，看能帮你什么忙	别哭了
		一切都会好起来的
		别责怪自己，别难受，别紧张

（三）处理过激情绪的技巧

方法一 “睁开眼睛哭”＋“张开口呼吸”（图2-10）

重大灾难以后，往往很多来访者情绪过于激动，这个时候不适宜马上进入辅导，可用下面的方法来减轻来访者过激情绪。

要求来访者“睁开眼睛哭”，同时要求他“张开口呼吸”。因为闭着眼睛哭的时候，他的大脑常常会联想到事故现场及其他令他伤心的事，当他睁开眼睛的时候，就会把思绪带回到此时此地。这个时候要尽量避免和来访者谈道路交通事故的细节，可以引导他说出他的感受，并跟随着他的感受，引

要求来访者“睁开眼睛哭”，同时要求他“张开口呼吸”。

图2-10 “睁开眼睛哭”＋“张开口呼吸”法

导他如何让自己感到更好些。

方法二 健脑操“挂钩式”+“混合法”

辅导来访者自己作出健脑操“挂钩式”动作，同时，辅导者用“混合法”予以配合，一般可以在2～3分钟内停止来访者的情绪或不良状态。

（1）健脑操“挂钩式”（图2–11、图2–12）

健脑操“挂钩式”

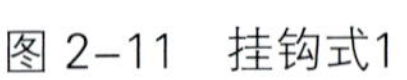

图 2–11 挂钩式1

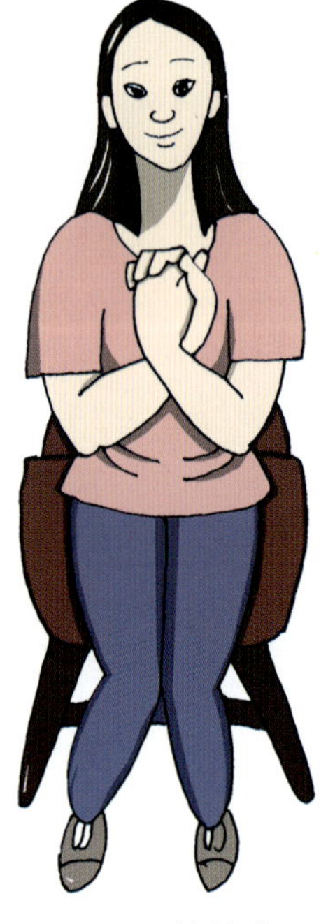

图 2–12 挂钩式2

·伸出双臂，将左手腕交叉放在右手腕之上，手掌心相对，手指交叉相扣，然后将手拉回胸前。

·将左脚踝交叉放在右脚踝上，双脚交叉站立，并以舌尖抵住上颚。闭上眼睛并深呼吸，维持此动作1分钟后，转换左右方向。

·松开手腕，双脚平放，两手指尖相触，深呼吸约15秒，可帮助人快速平复心情，提升专注力。

（2）“混合法”（图2–13）

除了化解情绪外，“混合法”还可以处理一些不良状态，例如咳嗽不止，思想纷乱等。

使用“混合法”时，辅导者以90度直角站/坐在来访者右边，以左手手掌按在来访者背部的“大椎穴”（脊椎骨最为隆起的一点，在颈部之下）。右手则以拇指及食指分别轻按在来访者的双眼眉毛中直线及额头中横线的交点处。两指应约80～100厘米宽。

无须用力，轻按便可，受导者保持正常呼吸。

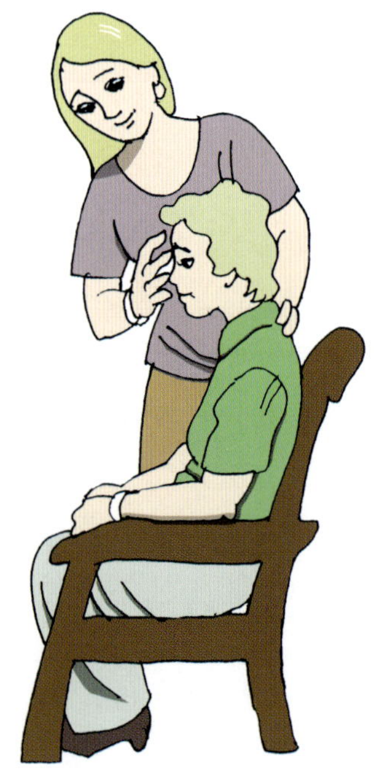

图2–13 “混合法”

方法三 四式本体感觉呼吸技巧

当来访者的情绪和心理状态开始平静下来，来访者才能开始配合辅导的开展，接受辅导者的引导，所以，前期的状态调控尤为重要。以下提供的本体感觉呼吸四法，是本体疗法（SE）的技巧，由世界级的创伤治疗专家Dr. Maggie Phillips 2008年4月在上海工作坊里介绍，由黄劲昆先生提供。

通常经历过创伤的人，身体会有僵硬反应。通过以下的呼吸法，可帮助来访者搜寻身体的感觉，跟身体的感觉联结，通过这样的呼吸，大脑从电波β波状态转入α波状态，可有效减缓创伤的痛苦。

第一式：

正常呼吸，将一只手放在横膈膜位置，吸气时手稍微用力往里压，辅导者数12345，然后呼气时手放松，辅导者数12345后停止。

第二式：

正常呼吸，将一只手放在横膈膜位置，另一只手放于胸口正中位置，吸气时横膈膜位置的手先稍微用力往里压，胸口位置的手后往里压，呼气时双手同时放松，不再用力。

第三式：

四角呼吸法：就像一个四角形，按吸气—憋气—呼气—憋气四个步骤进行，每个步骤辅导者都数1234。

第四式：

找一个安静的地方，用鼻子吸气，让气充满腹部、肺部（如果有需要，可让气充满全身），稍作憋气后，从鼻子呼气，首先把胸口的气呼出，然后把肚子的气呼出。5个循环一次，然后休息一分钟。

备注：先让来访者将以上四个方法轮流尝试一遍，每个方法做5次。每做完一个方法，让来访者留意当时的感觉，最后问他哪一种方法会使身体有感觉？找出一个最适合来访者的方法重复做5遍。

引导事例：针对实际有创伤但已表面麻木的来访者，当辅导者问他：“你现在的身体有什么感觉呢？”他会说：“挺好”或“没感觉”。引导他做上面的呼吸法后，辅导者可问他现在的身体感觉如何？如果来访者已经能具体说出他身体里面有哪个部分有异样的感觉，那么可以根据这份感觉进入其他程序。如果来访者回答还是没有感觉，可以引导他从左脚/右脚吸气，顺着左腿/右腿上到身体中线的任意一个部分（腹部、胸部、头部），把气引导到另外一边，从另外一条腿下到脚。做了3到5遍后，询问来访者，他的身体哪个地方不能感觉到气的流动？来访者回答的部位，通常就是麻木的部位。这个麻木的部位，很有可能就是创伤造成的。这样的对答实际已经让来访者和自己的身体连接起来了。

方法四　TAT法

将一只手的拇指和中指指尖轻压左右两边内眼角往上0.3厘米靠近鼻梁的地方，食指指尖轻放在额头中心，约双眉毛中间往上1.2厘米的高度。这样三根手指尖在头部前方形成一个三角型。另一只手绕到后脑勺，手掌张开平贴在脑后托住头骨。两手都无须施加压力。维持这姿势直到来访者过激情绪缓和下来。

（四）紧张情绪管理

当第一次面对危机的时候，当我们第一次面对这些突发事件当事人的时候，我们会产生紧张情绪，这是正常的。这种紧张情绪的产生是由过度害怕、不安或焦虑造成的。

所有参与突发事件应急救援的人员应该做的是：

1. 建立良好的人际关系

（1）要主动向突发事件当事人介绍自己。

（2）要主动询问突发事件当事人应如何称呼。

（3）要尽可能用对方的全名称呼他或她。

（4）要注意当事人的不同文化背景，尽可能在名字后面添加“先生”、“女士”等称谓。

2. 冷静地与突发事件当事人交流

（1）围成一圈坐下来，或者与当事人的肩膀保持90度左右站着。

（2）要采取开放式的肢体姿态。

（3）要将身体向当事人的方向稍微倾斜。

（4）要用眼睛与当事人交流。

（5）要自我放松。

3. 热情地与突发事件当事人交流

（1）要用温柔的语调。

（2）要始终保持自然、亲切的表情。

（3）要用开放的、欢迎的态度。

（4）要允许当事人和你之间保持距离。

4. 通过询问具体问题来确定当事人所需要的帮助

（1）要尽可能使用封闭式的问题。

（2）要解释为什么要问这样的问题。

5. 把要处理的事情写成协议

（1）积极倾听，积极寻找和发现需要处理的事情。

（2）把要处理的事情写成协议有助于巩固和当事人之间的关系，从而取得信任。

6. 对突发事件当事人表示尊重

（1）交谈中使用“请”和“谢谢你”。

（2）不要使用夸张的语言谈论他人的个性。

（3）不要过分地赞扬他人，这样会使人感到不可信。

（4）尽可能使用积极的语言。当一个人变得非常冲动的时候，他或她可能会出现以下四种举动。

①挑战或质询紧急心理救援人员。那么我们需要：冷静地回答问题；冷静地重复我们所要说的话。

②拒绝按照所要求的去做。那么我们需要：不要强制性地去控制；帮助他或她自己控制自己；保持说话内容的专业性；用另外的方法重新表达我们的要求；给当事人时间请他或她考虑我们的要求。

③失去控制并在语言上变得冲动。那么我们需要：冷静地回答；表明我们在用其他方式来帮助他或她。

④变得具有威胁性或攻击性。那么我们需要：努力使他或她冷静下来；如果他或她对我们的努力不作反应的时候，应立刻寻求其他救援人员的帮助。

（五）紧急心理救援注意事项

在突发事件发生时和发生后，参与突发事件应急处理的各种救援人员会与突发事件中的各类当事人交往。当事人对突发事件会产生各种强烈的心理反应。这些心理反应包括：思维混乱、恐惧害怕、感觉无助、昏昏欲睡、焦虑担忧、难过悲伤、震惊发呆、羞怯难过、痛苦自责，以及对自己和他人失去信心等。

救援人员对他们心理的早期紧急救援可以有助于帮助他们减轻和缓解这些不良情绪，可以有助于帮助他们建立希望和恢复心理健康。各种救援人员提供紧急心理救援的目标是建立安全、冷静、相互联系、相互帮助、自我调节、自我控制、富有希望的心理环境。

1. 应急救援的人员应该做的

（1）推动安全环境建立

①帮助人们满足食品和衣服等方面的基本需要，在医药治疗需求方面提供援助。

②在如何获取这些基本需要方面，反复为人们提供清晰的、准确的信息。

（2）推动冷静环境形成

①对那些希望分享自己的经历和情绪的人们，要耐心倾听他们的讲述。要记住，在感受和表达感受方面没有什么是正确或错误的。

②即使有些人难于交流，也应始终对他们充满友好和热情。

③对灾难性突发事件要提供准确的信息。

④要努力帮助人们了解现场情况，减轻他们的痛苦和不安。

（3）推动相互联系的环境建立

①帮助人们与朋友和所爱的人建立联系。

②帮助家庭人员聚在一起。

③在必要的时候，帮助儿童与家长或他们的亲戚聚在一起。

（4）推动自我效能环境发展

①指导人们开展自我帮助，为他们提出切实可行的建议。

②指导人们自己去获取自己的需要。

（5）推动相互帮助环境发展

①寻找并确认政府或非政府的各类救援组织的所在地，指引人们去获得他们所需要的救援。

②当人们表示出害怕或担忧时，要让人们知道，更多的帮助人员和救援物资正在向这里运来。

2. 应急救援人员不应该做的

（1）强迫他人讲述他们自己的经历，尤其是那些涉及个人隐私的细节。

（2）只是给别人简单的安慰和保证，如总是说“一切都会好的”或者“至少你还活着”。

（3）告诉当事人他们应该怎么想，应该怎么感觉，他们本来应该怎么做。

（4）用暗示别人的行为和观念的方法告诉别人他们为什么会遭受灾难。

（5）向别人许下一些不可能做到的承诺。

（6）在需要得到某种帮助或某种服务的人们面前，批评和埋怨这种帮助。

六、对被困者的心理安抚

参与过交通事故救援的人员都知道，被困者求生的意志力和获救的信心是生命抢救成功的重要保障。特别是身受重伤或失血过多的被困者，如果因疲倦而睡着，就很可能永远也醒不过来了。所以在抢救被困者的时候，要注意安抚他的情绪，树立他的信心，鼓励他勇敢地配合抢救工作。

（一）交通事故中被困者的情绪症状

交通事故发生时，多数被困者的身体会受到损伤，在这种情况下，人会处于一种心理应激状态，这种状态可使人员出现各种情绪反应。

（1）焦虑：典型的焦虑表现为紧张不安、忧虑、烦躁、恐惧、易激惹等不良的情绪。严重时可出现惊恐发作，表现为恐惧，有濒临死亡的感觉。可伴有自主神经功能紊乱的生理症状，如头晕、面色苍白、呼吸急促、心慌等症状。

（2）恐惧：在面临突发的交通事故情境时，被困者往往不知所措，内心会被恐惧笼罩，缺乏战胜危险或难关的信心。还会产生明显的心慌、胸闷、气短、面色苍白、出冷汗、手脚颤抖、尿急、尿频等自主神经功能紊乱。

（3）抑郁：抑郁是在交通事故发生后，被困者在一段时间内出现的一种情绪反应，主要表现为情绪低落、心情不佳等。

（4）愤怒：当被困者面临突发事件或受到伤害时，由于对事件发生的无法预料、不可理解，就会产生强烈的不满情绪，通过愤怒以宣泄内心的压抑。

（二）对被困者心理安抚技能

被困者不良的情绪会造成大量的体力消耗和心理伤害，不利于救援行动的顺利开展，要在抢救过程中尽力安抚被困者的情绪。

1. 语言安抚

（1）安抚语言的选择：安抚语言的选择主要体现在以下几个方面：①能够改变被困者心理混乱的状态，保持镇定，防止其做出错误行为。②能唤醒被困者的潜能，体现斗志、唤起潜意识。③要能引起被困者的共鸣。

（2）对语言的控制：①对语言音量的控制。不同的环境下，被困者的心理反应是不一样的，对于受到极大惊吓，神经极度衰弱的被困者高分贝的音量会给他们带来直接的危害。在与被困者进行交谈时，音调不易过高，频率不易过快，注意认真倾听，并予以鼓励和安慰。对于处在昏迷状态的情况则可以对其采取高分贝喊话，唤醒被困者，使被困者时刻感受到希望的存在。②掌握语言的感情色彩。在运用语言对被困者进行安抚时，应表情和蔼，语气要保持镇定、沉稳、平和。柔和悦耳的交谈对其来说是一种享受和心理安抚，有利于消除紧张情绪，起到心理调节和心理安抚的作用。同时针对被困者的情况还要适时的运用激情、具有感染力、号召力的语言，激起被困者的斗志。

（3）与被困者的语言沟通：沟通的方式可以分为问答式，有问有答，主要适合精神状况稍好，身体伤害程度较轻的被困者，通过交谈可以缓解被困者的心理焦虑和不安，转移其注意力，减少其痛苦。要运用和蔼、简洁、恰当、适中、可信、有针对性的语言，引起被困者在思想上的共鸣。

2. 行为安抚

行为安抚是指在通过肢体接触或是具体的行为，向被困者施加影响，以改变、调节被困者心理状况的方法。其主要的手段是：拥抱、拍肩膀、握手、眼神的交流等。救援人员在救援过程中表情自然、态度刚毅、语言稳重、配合过硬的业务技能，可以使被困者增强安全感和信赖感。

在与被困者的交谈中，面部表情过于丰富，手势过多，动作过大，或来回走动，都会给人留下一种轻浮的印象，被困者对救援人员的信赖感就难以建立，心理安抚的效果就难以达到。如果采取正确的语言和方式，将会给对方一种稳重及尊重的感觉，从而为整个救援工作创造一个良好的开端。

第二节　心理急救中的支持性沟通

一、支持性沟通的概念和原则

（一）支持性沟通的概念

支持性沟通是理解、关心、尊重和信任他人能力的方式交流。[①] 积极倾听和正面反馈是支持性沟通的关键。

对刚刚经历交通事故的人实施心理急救时，可使用支持性沟通，还可用于以后的援助中。有些人在危机事件过后，希望有机会倾诉。他们很自然地会想向在危机现场

① 红十字会与红新月会国际联合会. 社区为本的社会心理支持学员手册. 第108页。

救助她/他的那个人的倾诉。当采访某人了解后续情况时，或在帮助他们的过程中，支持性沟通有助于了解他们的想法和感受。

（二）支持性沟通的原则

在与经历过危机的人沟通时，须多方面考虑。支持性沟通的原则包括同理心、尊重、真诚、积极的关怀、非评判的立场、切合实际、保密性和道德操守等。

（1）同理心是指从他人的角度来感受和看待问题，并展示人情温暖，而不是保持距离和显得机械呆板。要设身处地地站在当事人的角度，体会当事人内心的感受。

（2）尊重是指我们在价值、尊严、人格等方面与经历灾难性事件的人平等，把经历灾难性事件的人当作是有思想情感、内心体验、生活追求和独特性与自主性的活生生的人对待。尊重意味着无条件接纳、平等、礼貌、信任、保护隐私、真诚。尊重受影响人的尊严和价值能让人倾听别人的诉说，而不是作出假设。保持真诚和真实自始至终都很重要，特别是在帮助对别人不信任的人时。真实和诚实终将获得他人的信任。如果做得不够好，将令人产生背叛感。

（3）真诚和积极地表现出对受影响人观念和价值的关心。如果有人很难认识自我价值，对他们积极的关爱，可以增进他们的自尊。同时采取非评判的立场。人们常常担心他人评判自己的言行，认为自己对危机负有责任。

（4）沟通交流时，请记住要增强受影响人的能力。因为援助者只是暂时参与和介入，因此离开时应该让受影响人觉得更有活力和足智多谋。另外，应该能切合实际地明确什么能实现，什么是无法完成的。

（5）注意保密，即注意对受影响人的私人情况进行保密。保密有助于受影响人更加信任援助者和信赖他们提供的服务。除非保守这些秘密存在伤害的风险，或者可能导致虐待，才能披露所知信息。

（6）最后，行事遵守恰当的道德行为准则。这些行为准则因具体情况的差异而不同，但有些道德行为准则是不变的。以适当的方式将你说的话坚持到底；绝不利用与受影响人的关系、尊重他人自己作出决定的权利、不夸大自己的技能或能力、意识到自己的偏见、对受影响人的问题和需求要敏锐。

二、支持性沟通的核心技术

（一）支持性沟通的技巧

支持性沟通能够帮助个人通过准确、真诚地描述具体事实的方式进行沟通，这种

图2-14　支持性沟通

方式能够营造积极向上的氛围，从而逐步建立并维系良好的人际关系（图2-14）。

1. 支持性沟通倡导建立一种尊重、平等、双向的有效沟通

它承认沟通双方观点的差异性，在尊重这种差异性的基础上进行有效地对话，充分尊重对方的观点，以换位思考的方式进行沟通。

2. 支持性沟通对事不对人

它关注具体的行为或事件，关注这些行为或事件所传递的信息；如果对人进行评价超越了事情本身，往往成为对个人的定性评价，甚至可能升级为人身攻击。

3. 支持性沟通要求对具体内容负责任

在沟通过程中，如果将陈述归因于一些未知的因素，那么这样沟通者就是回避对内容负责，这样会造成沟通中双方的距离与隔阂，难以拉近彼此的关系。

4. 支持性沟通需要双方坦诚开放的心态

它强调真诚的沟通是用来交流各自的真实观点，以达到实质上的交流。

5. 支持性沟通重在使用描述性语言

在描述具体的行为事件后，再坦诚讲出自己或对方对行为事件的反应，这样以支持性的方式进行沟通，有助于塑造坦诚尊重的氛围，会使对方容易接受，从而达成有效的沟通。

6. 支持性沟通的陈述要具体明确

描述得越具体明确，对方就越明白问题的所在，也就更加容易理解沟通的意图，这样也更容易达成沟通的目的。

（二）非言语沟通

虽然说话是主要的沟通方式，但大部分的信息是通过非口头方式表达的，如手势动作和面部表情等非语言，包括叹息或喘气声等。每种文化中，不同手势和声音都有自己的含义。

下列行为通常可增进信任、促进沟通，但需要了解适用的文化背景：要面对讲话人，表现出开放接纳的姿态，不要交叉双手，但要放松自然；保持适当距离，要做到

既有距离又能亲密沟通，不要太正式或表现出催促人的感觉。常有眼神接触，表现得平静和轻松。

（三）积极倾听

积极倾听不要只是注意他人所说的话，理解说话人的意思对沟通同样重要。援助者此时的主要任务是倾听。首先要力求了解，然后才能理解。专心聆听，做一个积极的倾听者。这包括非口头回应，如专注、点头、肯定，并不时给予口头短论等，使用“我明白了”“是的”“请继续”和“我想听到更多的情况”等字眼。找到最好的、自然的方式交流，并使用讲述人的术语和词语表达，从而表示理解和同意其意见。

意识到我们自己可能的偏见或价值观的影响，因为这些可能会扭曲我们对别人所说的话的理解。尽量倾听，并留意讲述背后的情感和基本设想。

充分注意受影响的人。他人说话时不需要考虑你自己的答案，更不要打断他人以纠正其错误或观点。相反，回答问题之前应三思，不要坚持认为自己的发言具有权威性，尽量不要以你自己的意见总结他人的发言。

（四）提出反馈意见

人们重视他人对自己讲述的反馈。因此，反馈是支持性沟通中一个至关重要的因素。提出反馈意见时，要心平气和，语调平缓，不要伤人。尝试描述所观察到的行为，以及这种行为导致的反应。

报以建设性态度，侧重于最近发生的事件或可以改变的行为。支持应对，并尽可能给予真诚的赞扬，集中对发言人真正想说或想问的事情作出回应。不要光顾讲述自己有兴趣的事或话题。此番谈话关于受助者，而不是援助者。

人们很自然对身处危机的人作出回应，要么提出问题以了解更多有关情况，或给出回答和意见。虽然这在一般情况没有错，但往往不是最有效的沟通方式。可以改为发表声明。

但这并不是说，一个人永远不该问问题，而是说要尝试以多种真诚的方式沟通，目的在于理解和帮助人。在问问题时，问题又可分开放式和封闭式的问题。开放式问题，可以用各种方式和不同的细节回答，而封闭式问题只需要回答是/否，或只限于极少数选择。开放式问题不限制他人的答案。

另一种回应的方式是回应他人的思想或情感。不要妄断，避免表示同意或反对，但要表明你的理解。

每隔一定时间将倾诉者所说重述一下，表明援助者是在认真倾听。如果援助者对他人的反应或情感有同感，这时需要小心，避免给被救助者留下这样一种印象，即救助人已经了解了对方的感觉。如果小心从事，这种同感还可帮助受影响的人讲述自己的事情，并易于理解感受和变化的形势。

（五）协助做出决策

1. 为什么要协助作出决策

当一个人处于危机之中时，很难清楚地思考并作出决定。此时，需帮助该人士不要作出任何改变生活的重大决定，如辞职或与配偶离婚，或搬到异地居住等决定，延缓作出这类决定，最好处理眼前燃眉之急。

随着时间的推移，当事人可能仍然处于危机之中，但可能开始需要他人的帮助作出决策和规划未来。作决定可能涉及很多事情，而且可能涉及不同层面，如何确定伤残治疗方案，如何帮助处于困难中的孩子，如何分配赔偿金等问题。援助者可能有些实用知识和信息，从而可以帮助他们在充分知情的情况下作出决定。

尽可能与受助者共享或帮助寻求信息，但要避免直接提出意见，否则会影响受助者作出改变生活之类的重要决定。这些重大决定应留在以后处理。援助者的作用是关注和尊重受助者应对困难和复原的能力。通过这一过程，人们可以清楚地认识到自己的需求和将来采取行动的资源。

例如，若援助者问起他们应该做什么的问题时，你的回答可以是“我对你有哪些选择仍不十分清楚；或许你可以告诉我更多有关你的担忧和选择”。通过这种方式，可以帮助他们正确作出自己的决定。

帮助受影响人重建控制力是面对面支持的一个重要部分，从而帮助他/她进行正确决策。当人们不知所措时，他们常常认为自己没有控制能力，甚至对他们能控制的情况也很少关注。一个人的控制感十分重要，否则他/她看不清楚情况，也不知道该如何恰当处理。帮助他人考虑可能的选择并作出决定，或者找出在它们生活中可以控制的内容对他们也是一种帮助。

2. 协助作出决策的步骤

（1）找一个安全的地方谈话。说明援助者的立场和作用：“我姓李，是某某单位的，我是来帮助你的”。然后，询问对方情况如何，怎么才能让他/她感到安全，并能开诚布公地交谈。

（2）建立一种支持性关系。通过告诉对方你理解他/她的情况并力图提供帮助。这是信任和理解的基础。

（3）倾听对方的问题和担心。可以通过询问一些开放式的问题来了解对方的状况。

（4）与对方共享相关信息。

（5）谈论能带来积极变化的选择。处于危机中的人，往往很少看到其他选择。帮助他/她重新获得这种能力，从而考虑多种解决问题的可能性。

（6）讨论可能的解决办法。鼓励受影响的人认识自己的潜力，使他们能够重新获得控制感。

（7）帮助受影响的人认识到任何解决办法具有代价和不确定性，从而他们可以密切关注形势并知道自己的极限。

（8）讨论行动方针。对身陷危机的人来说，这往往是最困难的一步，因为这时他们最害怕遭受新的挫折。因此，他/她可能需要外部支持。

（9）如果可能，援助者可通过关注事情的进展来继续提供关爱。从而向受影响的人表明他们仍然重要。

3. 如何处理电话求助

这里提出的意见适用于通过电话提供援助，如热线电话或在线帮助。注意，需要根据受影响的人的实际情况调整援助方案，这因人而异。

在电话上，因为没有视觉接触，全部信息通过声音传递。面对面沟通时的非言语鼓励方式如点头可以用较亲近的音调、放慢的讲话速度，和使用简明的语言来取代。除非绝对必要，否则不要打断他人，并记住不要与来电人发生争吵。

有时一个寻求支持或援助的人会感到沮丧或愤怒，而你又首当其冲面对这些情绪。对此，可以参考以下建议，以处理困难的通话：可先暂停，做深呼吸；倾听真正困扰来电人的问题是什么；确认你所听到情绪——不要被愤怒或敌意所吓倒；降低你的声音，说话缓慢清晰；澄清你的角色，你是一个援助者；忽略个人的意见，着重于你能提供何种援助；讲明你的意见，做到清楚、简单和积极；避免对来电人所说作出判断，因为这时他们对当时的局势作出的反应；不要指望来电人的诉说具有逻辑性；当你结束通话后，与一名小组成员探讨。

处理电话求助的步骤

· 你的立场与角色，特别是在开始建立电话联系时，应十分清楚地表达援助者的角色和该通话的目的；

· 协助打电话者建立起自我控制感，鼓励打电话者不要仅关注负面因素；

· 记住不要许诺无法提供的援助；

· 当情形超出你的能力范围或者涉及来电者的健康时，应将其转介给其他服务。

限定通话时间的长短。当双方无话可谈或者打电话者不断重复时，你应结束对话：概括一下已了解的信息；确认理解来电人的情况；尝试就接下来将发生的事达成一致意见、提供选择，并鼓励其作出决定。

三、与应激儿童的支持性沟通

图2-15　儿童更需要得到及时的心理支持

儿童在交通事故中极端脆弱。一方面，在交通事故中，儿童最容易受到伤害。据报道，目前交通意外伤害在我国已成为1～14岁未成年儿童死亡的首要原因。如果交通事故救援中发现有儿童，首先要关注他们的安全。另一方面，交通事故后，他们无法理解发生的事情和原因。儿童的社会心理健康与信任和安全感密切相关，如果他们的亲人在事故中伤亡，他们会非常的恐惧。这时，他们的家人也处在应激状态，无法顾及他们的感受，如果得不到及时的保护，他们会终身留下心理创伤。相对于成熟的成年人和历经风霜的老人，儿童更需要得到及时的心理支持（图2-15）。

（一）事故现场的保护措施

（1）对事故现地所有儿童进行登记，记录他们的姓名、年龄、就读学校、家庭住址、家长或监护人的姓名和联系方式，在事故中的受伤情况和其他健康状况。

（2）了解事故前后谁来保护儿童。如果保护人伤亡，要一直陪伴儿童，帮助他们应对失去和丧失的痛苦。

（3）如果儿童的伤势或健康存在问题，要提醒救援人员注意。

（4）给他们提供水和食物，注意给他们保暖。

（5）特别注意无人陪伴的儿童，必要时给他们提供安全的住所。

（6）如果他们有什么要求，或他们说感到不安，要重视他们的话，牢记儿童的安全第一。

（二）观察儿童

丧失亲人的儿童，是心理救援人员必须关注的对象。儿童对于死亡的认识是有限的，但他们在很小的时候就能表现出明显的悲伤。如6～8个月的婴儿，若发现照顾他们的人长时间离开，他们就会寻找照顾人，表现出失望或不从等。长大一点的儿童对重大事件的情绪反应与成年人相似，如震惊、悲伤、焦虑、内疚、恐惧等。然而，从成年人角度看，儿童的悲伤反应有时可能看起来很奇怪。儿童的悲伤反应是突然而不连续的，他们可能会突然从紧张悲伤的状态，转到玩耍和快乐状态。幼儿往往不能用言语表达他们悲伤的感情，较常见的是通过行为和玩耍表达他们的情感。观察儿童的方法和内容如表2–2所示。

一个儿童的悲伤

小虎是一个6岁男孩，他在一次车祸中失去了母亲。在出席母亲的葬礼时，他站在旁边痛哭，突然一只小猫来抓他的脚，小虎立即停止了哭泣，并在葬礼举行的过程中与小猫玩耍起来。葬礼结束后，大家都要走了，小虎却怎么都不愿离开。他独自坐在坟边，给自己的母亲讲故事。他的叔叔说："我们回去取个更大的蜡烛放在坟前"。他才跟着叔叔回家了。

观察儿童的方法和内容　　表2–2

观察方法	观察内容
与其他儿童做比较	这个儿童的行为和其他儿童的是否相同?
观察儿童	他的表现是否与年龄相符? 他是不是表现得很愤怒、沮丧、恐惧? 他是否夜里又开始尿床? 他是否爱哭，依赖别人？ 他是否更内向，或更有攻击性?
与儿童交谈	他的理解力是否与年龄相称? 他的行为是否表现得心烦和迷惑？ 他能否能集中注意力倾听或回答问题?
与儿童的父母或其他成年交谈	这个儿童的行为有什么不同? 这个儿童的性格、行为或人生观有无大的变化? 成年人是否认为该儿童需要帮助?

（三）与儿童的支持性沟通（图2–16）

经历交通事故伤害后的儿童，他们往往变得更加脆弱，而且可能表现得更具有攻击性或依赖别人，而成年人又往往以批评、消极的口吻与他交流。这种做法无助于建立成人的儿童之间的双向沟通。这时候，不能表现出讨厌他们的顽皮、淘气和依赖，而是要与他们做支持性沟通。

支持性沟通是开启儿童心灵之门的钥匙和加强关系的关键。得到理解和支持的儿童，往往更安全，更自信和有强烈的自尊感，这一切对于他一生的成长都很重要。如果一个成年人能倾听一个儿童的述说，而且不妄下结论，这将有助于儿童的恢复和成长。

图2–16　与儿童的支持性沟通

与儿童的支持性沟通包括认同他们对某种状况的感受；耐心听完整个故事再作出回应，这也意味着不要带有质问的口吻。用儿童听得懂的话进行沟通，并温和地鼓励他们按自己速度讲述他在事故中的感受。儿童处理恐惧的方式与成年人不同，因此必须先了解儿童的想法。要创造机会让儿童表达自己的意见。告诉他们，在特定情况下他们的反应是正常的，也是可以理解的。不要作出虚假的承诺，也不要让儿童忘记不愉快事件，或者避免谈论他们的经历，而是要鼓励他们提问。儿童往往需要反复询问许多

解释对儿童来说，并不总是有益的。当与失去亲近的人的儿童沟通时必须小心行事：

"祖母将永远安详地睡去"。这样说可能会让儿童害怕上床睡觉或入睡。

"爸爸已经离开一段时间了，但他会很快回来的"。最终，儿子天天等着爸爸回来，等久了就会焦虑而且不知道为什么。

"上帝接走了阿姨，因为她是个很好的人"。儿童可能会担心，其他的好人也可能被上帝带走。

"这是上帝的意愿"。儿童可能会问，为什么上帝希望坏事情发生。

"这是老天的惩罚"。儿童可能会害怕，从而每次做错事时会特别着急。

"姐姐去世了，因为生病住进了医院"。因此，每当有人生病儿童可能都会担心，尤其是某人被送往医院。

问题，要耐心与他们交谈，并不断的鼓励他们。

援助人和照顾人以及其他成年人，是儿童接触到的重要他人。如果成年人对儿童表现出善意和尊重，会增强儿童的自尊和自信心。

交通事故后，儿童更需要更多的关怀照顾，以恢复其对外界的信任。照顾人应允许儿童在一段时间内表现得更依赖于他们。在可能的情况下，这个过程可能需要比平常更多的身体接触、不单独睡觉、开着灯睡等；需要给儿童时间和机会渡过悲伤阶段和恢复，甚至可暂时容忍退化行为。

照顾人应继续从事家庭内外的日常事务，并尽可能表现得正常，从而让儿童感到安全，有控制感；鼓励家庭继续供儿童上学，与其他儿童一起上学和玩耍有助于儿童继续他们的生活。

（四）支持哀悼中的儿童（图2-17）

有的人为了保护儿童，不让儿童参加其重要人的葬礼，这会让儿童觉得不被信任，被排斥在事件之外。有的人不让儿童谈及逝者，这也不利于儿童正确认识丧失和理性地怀念逝者。

有必要认真关注儿童的反应，并提供相关支持。有时儿童可能需要私人空间安静地反思和思考。由于哀悼文化差异极大，需要儿童了解家人对死亡的想法和哀悼仪式。儿童对他们家庭信念的理解和诠释，对很难理解的事情他们有时能够自己找到答案。

图2-17　支持哀悼中的儿童

在各种文化中，举行仪式是哀悼活动的重要部分。哀悼是与逝者告别的过程，哀悼活动也标志着生活应该继续下去。对儿童来说，简单的仪式有助于他们应付各种事件，儿童往往发明他们自己的仪式性活动来悼念逝者。参加成人的仪式对儿童同样重要。

举行追悼和周年纪念表明怀念是哀悼过程的重要环节，在此过程中儿童往往需要帮助，帮助他们记住这个日子。告诉儿童虽然某人已经逝去，但其他人会和儿童一样记住这个人，鼓励他们以自己的方式回忆逝者。

（五）鼓励儿童去玩耍

在对待失去亲人的儿童或刚刚经历过创伤的儿童时，成人有时忘记了儿童需要游戏和快乐。为了帮助他们恢复，儿童需要时间从事其他活动——暂时忘却困难或悲伤的事情。他们需要快乐和笑声，让他们明白感觉良好是对的。玩耍可帮助儿童体验到积极的情绪并恢复正常。

尽量帮助儿童获得乐趣，并让他们感觉良好；让他们告诉你应该在何时、以什么方式来达到。表现出关爱，并让他们知道仍然有人爱他们。

让儿童活跃并参与恢复正常生活和学习，参与作出决定的经历，对于儿童恢复自尊和控制感是非常重要的，因此，成年人应为儿童提供机会，让他们积极构建自己的环境，表达情感和尽可能地自己作出决定。

（六）必要时转介

儿童对死亡和其他危机事件的反应，可能因为不同的情境、儿童的年龄和个性而有很大的差异。有时需要请专业人士帮助他们。

危机事件后大约一个月后，儿童应该表现出一些改善的迹象。六个月后，儿童应当已回到更加正常的生活方式。然而，处于持续危机的情况下，儿童就无法恢复到正常生活和行为。在这种情况下，应将该儿童与处于相同情况下的其他儿童进行比较。

如果一个儿童有以下显著变化，且没有改善的迹象，请寻求专业人士的帮助。这些迹象包括：

情绪：持续悲伤，提及要结束生命。

身体：体重明显增加或减少，头痛，恶心。

心理：做噩梦，焦虑，学习困难，无法集中精力活动或玩耍。

行为：危险或冒险行为，酗酒或吸毒，多动或被动，回避社会。

[案例]

当孩子遭遇打击后，父母应为其消极情绪找一个宣泄口

（讲述人：周某某，女，37岁，医生）

因为车祸，我弟弟在去年年底去世了。这件事对我们全家人打击都很大，尤其是对把舅舅当成“铁哥们儿”的儿子小宏。虽然他去送别舅舅时没有掉眼泪，但性情却大变，变得非常消沉和及时行乐。他经常到商店买各种昂贵的零食，经常玩游戏一花就是上百元，经常不交作业，学习成绩大幅度下降还满不在乎。为此，我和老公与儿子进行了一次长谈，没想到他竟然语出惊人：“天有不测风云，人不知道什么时候就没了。你看，舅舅读到博士又有什么用？还不是白辛苦几十年！所以还不如趁现在有钱有时间，好好享受享受。”他的空虚消沉让我们大吃一惊，我们万万没料到一个至亲的故去，居然给孩子的心理造成这么大的影响。好在我是医生，读过一些心理学方面的书，知道孩子的消沉情绪不及时宣泄出去，就会进入下一个“后应激障碍期”，这比神经症还难治，人就像抽走了灵魂一样，吃药都不管用。于是，我们立刻行动起来，想方设法让孩子明白大痛之后生命的意义所在。我回去动员父母给外孙写信，讲明他们在痛失小儿子之后对外孙寄予的厚望；我还积极发动弟弟的同事写文章来哀悼，让儿子上网去查看，让他知道舅舅短暂而充实的一生给别人留下了多么珍贵的回忆，虽然人都只有一辈子，但人生的质量却是不同的。为了帮助孩子走出颓废的状态，我们甚至“伪造”了他舅舅的一份“临终遗言”，大意是：在所有的外甥中，他最看好小宏的潜质，知道他是孝顺和聪慧的孩子，如果他能挺过生死大关他一定会好好培养小宏。小宏看到这份“遗言”，大哭之后，一改以前的消极心态，重新振作起了精神：“舅舅正在天上看着我呢，我可不能辜负他的期望……”

【专家观点】当孩子经历了“非常事件”后再来进行心理干预，只能说是在孩子的心理健康方面“授之以鱼”。依据孩子的性格特征与思维定势，事先就针对“灾难性、创伤性”事件的承受能力进行培养，以强化孩子本身的心理坚韧度，才是在孩子的心理健康方面“授之以渔”。

父母可以事先去做的事包括：

第一，了解孩子的性格特征，以便预计到孩子在突发性灾难事件中可能出现的反应，准备好相应的应对措施。如胆汁质的孩子在遭受创伤后容易迁怒于他人，通过“不合作”的态度来发泄苦闷；而抑郁质的孩子在创伤面前常常表现出令人心碎的麻木。此时孩子的内心就像淤塞的堰塞湖一样，随时有破堤的危险，所以应想尽一切办

法进行疏导，让孩子缓缓释放情绪的能量，是非常重要的。

第二，应该用更多的肢体语言表达“我永远跟你在一起”，给予孩子充分的安全感。年龄大一些的孩子（超过12岁）可能会拒绝父母第一时间的身体接触，没关系，不必勉强他（她），过一会儿再尝试与其拥抱。当孩子僵直的身体变得柔软放松时就会哭泣，这时他们内心积累的负面能量就开始释放了。

第三，保持更频繁的亲子联络。

给孩子留下你的手机号，24小时开机，让孩子随时可以联络到你，有机会向你倾诉；与孩子住在一起、并向其表示“可以随时打电话给我，难过的时候我都在”。而在外地打工的父母，应尽可能把孩子带在身边；如果不能，应尽可能请假多陪他（她）几天，以免急促的探望给孩子造成再度被抛弃的感觉，形成“二次创伤”。当然，具体怎么做，还要看孩子乐于接受哪种方式，以及通过哪种方式可以让其完全恢复孩子特有的活力和灵性。

第三节　道路交通事故现场急救和生命保护

一、道路交通事故伤情特点

（一）突发性

由于道路交通事故的发生具有突发性的鲜明特点，从而使得道路交通事故伤情也具有相应特点。道路交通事故和伤情的突发性无疑会给道路交通管理部门正常的交通安全管理活动、医疗系统正常的医疗活动增加了困难，这在一定程度上也将给事故救援、伤者施救造成困难。因而，针对道路交通事故和伤情的突发性特点，需要对交通事故紧急救援、伤者施救采取特别的管理措施。

（二）紧迫性

道路交通事故发生后，伤员的伤情通常呈现三多：即复杂伤情的伤员多、两个以上的器官同时受损的伤员多、病情垂危的伤员多。这就使得抢救伤员成为十分紧迫的事情。

（三）艰难性

实际中，一次交通事故可能会导致多人受伤，一个伤者身上可能有多个系统、多个器官同时受伤。对于现场急救而言，这就要求急救人员既要有丰富的医学知识、又要有过硬的医疗技术。但事故现场实际情况常常是伤员多，专业卫生急救人员少，这就形成了求救的高需求与专业卫生急救人员严重供应不足的不利局面，凸显出现场急救的艰难性。在此情况下就只能依靠驾乘人员自救、互救和过路人员提供的帮助。这些自发的救助确实挽救了不少伤者的生命，但也造成了因救护不当而致死亡的实例。

（四）灵活性

道路交通创伤的现场急救常常是既缺医少药，又无齐备的抢救器材和转运工具，因此就需要在施救过程中采用灵活的方法，在伤员周围就地取材，寻找代用品充当冲洗消毒液、绷带、夹板、担架等，尽量使伤员短时间内得到救治。

（五）关键性

国内外的道路交通事故现场施救的实践表明，要提高道路交通事故创伤救治的成功率，关键是要实现：急救指挥系统科学化，医院急救专业化，群众急救普及化，社会急救组织网络化，急救专业设备现代化。

二、道路交通事故现场急救原则

道路交通创伤急救的任务是采取及时有效的急救措施和技术，最大限度地减少伤员的痛苦，降低致残率和死亡率，并为进一步救治打好基础，为此必须遵守以下原则：

（一）先复后固原则

它是指遇有心跳呼吸骤停又有骨折者，应先进行心肺复苏，直到心跳呼吸恢复后，再进行骨折固定的原则。

（二）先止后包原则

它是指遇到既有大出血又有创口时，首先立即用指压、止血带或药物等止血方法止血，接着再消毒创口进行包扎的原则。

（三）先重后轻原则

它是指当垂危伤员和较轻伤员同时并存时，应先抢救危重伤员再抢救轻伤员的原则。

（四）先救后运原则

过去急救“抬起就跑”的办法，已在国际范围内基本被“暂等并稳定伤情”的思想所代替，这也就是说急救人员要在现场为即将转运的伤员做打开气道、心肺复苏、控制大出血、骨折固定、止痛、处理开放性气胸和连枷胸等重要而有价值的工作，然后再转运，并且在转运途中继续实施抢救措施以提高抢救的成功率。

（五）急救与呼救并重原则

在遇有成批伤员又有多人在现场的情况下，要紧张而镇定地分工合作，急救和呼救可同时进行，以尽快争取到急救外援。

（六）搬运与医护一致性原则

它是指将危重伤员的搬运与医护、监护工作协调统一进行。过去在搬运危重伤员中，搬运与医护、监护工作从思想上和行动上存在分离现象，如搬运由交通运输部门负责，途中医护由卫生部门负责，协调配合不够好，途中抢救缺乏保障，加之车辆严重颠簸等因素，结果增加了伤员不应有的痛苦乃至死亡。据国外资料分析，约有25%的伤员是由于转运不当或转运不及时而在途中死亡的。随着抢救伤员的需要和医学技术的进步，应积极创造条件使急救和搬运合二为一，协调一致进行。

三、事故现场急救的基本程序

在交通事故现场急救中，护士与医生配合共同完成救护任务，主要包括体检、查看生命体征和检查专科体征等。这三部分内容紧密相接，构成现场（院前）急救的基本程序。

（一）体检

现场急救的基本原则是先救命后治伤。在现场应首先迅速而果断地处理直接威胁伤员生命的伤情，同时对伤员进行全身检查，这对于昏迷伤员，从外观上不能确定损伤部位和伤情程度时尤为重要。在进行初检时，原则上应尽量少移动伤员身体，尤其对不能确定损伤部位和伤情程度的伤员。

（1）生命体征的观察：测量伤员体温、呼吸、血压的变化及意识状态。

（2）观察伤员的基本状况，如皮肤损伤、语言表达能力、四肢活动状况、伤员对伤情或症状的耐受程度等。

（3）检查方法依次按从头、颈、脊椎、胸腹、四肢的顺序进行。

（二）查看生命体征

查看生命体征包括检查伤员的神志和瞳孔、脉搏、呼吸、血压的变化等。

（1）检查神志和瞳孔。通过对伤员神志和瞳孔的检查，快速判断伤员处于清醒、半昏迷或昏迷三种不同主体中的何种状态，并注意检查瞳孔是否等大、等圆，对光反射是否灵敏。瞳孔不等大说明伤员可能存在颅脑损伤。

（2）测量脉搏。测量伤员的脉搏，并注意脉搏快慢、强弱、节律是否正常，常规触摸桡动脉。

（3）观察呼吸。主要观察伤员的呼吸频率，包括呼吸的深浅、节律、呼吸的声音，有无呼吸困难、被动呼吸体位等，如呼吸频率每分钟高于40次或少于8 次，都是伤情严重的表现。

（4）测量血压。测量伤员的肱动脉，观察血压是否正常。如上肢受伤应测股脉血压，其压力值比上肢动脉压高2.6 ~ 4kPa（20 ~ 30mmHg），血压过高需要立即控制，血压过低说明有大量出血或休克存在。

（三）检查专科体征

专科体征检查主要指对伤员头部、颈部、胸腹部、脊柱、骨盆、四肢的检查。

（1）头部。对伤员头部检查包括伤员的眼、耳、鼻、口腔、面部等重要部位。

眼：观察伤员眼球表面及晶体有无出血、充血，视物、外伤情况。耳：观察伤员耳道有无异常，听力如何，有无液体流出，注意液体颜色是否清亮，耳廓是否完整。鼻：观察伤员鼻腔是否通畅，有无呼吸困难，有无血液或脑脊液自鼻腔流出等。口腔：观察伤员口唇有无发绀，口腔内有无呕吐物、血液、食物或脱落牙齿，如发现牙齿松脱或有假牙应及时取出。面部：观察伤员面部是否苍白或潮红，有无大汗，颅骨是否完整，有无血肿或凹陷等。

（2）颈部。注意察看伤员颈部姿势、运动及颈部血管、气管情况。观察颈前部有无损伤、出血、血肿，颈后部有无压痛，触摸颈动脉的强弱，注意有无颈椎损伤。

（3）胸腹部。检查伤员胸腹部有无异常隆起或变形，呼吸时胸部两侧是否扩张、对称，有无创伤、出血，有无压痛或肌紧张。

（4）脊柱。在未确定伤员是否存在脊髓损伤的情况下，切不可盲目的搬动体位。检查时手平伸向伤员后背，自上向下触摸，检查有无肿胀、压痛或形态异常。

（5）骨盆。检查伤员的髋部两侧，轻压时观察有无疼痛和骨盆骨折。

（6）四肢。观察伤员上臂前臂及手部有无异常形态、肿胀或压痛，让伤员活动手指及前臂，检查推力和皮肤感觉，注意血液循环情况；观察伤员下肢有无肿胀变形，观察软组织形态，下肢位置，形态、活动情况有无异常。

四、交通事故现场常用急救操作技术

对于交通事故现场急救而言，抢救人员应熟练掌握多种急救知识和急救技术，如受伤者病情伤情的判断、心跳呼吸骤停心肺脑复苏技术、止血技术、骨折固定技术、伤口清理和包扎、搬运伤员的技术、伤员心理治疗、急救时的催吐、灌肠、注射、给氧等操作和生命体征（体温、脉搏、呼吸、血压）的监测技术等。

（一）止血方法

根据伤员创伤出血的不同情况，在现场可选用下述几种方法：

（1）加压包扎止血。将无菌纱布（也可用干净毛巾，布料等代替）覆盖在伤口处，然后用绷带或布条适当加压包扎固定即可止血。当有骨折或异物存在时此方法则不适用。

（2）指压止血法。这是对动脉出血的一种临时止血方法。根据动脉分布情况可分别用手指、手掌或拳头在出血动脉的上部（近心端）用力将中等或较大的动脉压在骨上，以切断血流达到止血的目的。

（3）止血带止血。此方法适应于四肢较大动脉出血。用止血带在出血部位的近心端，将整个肢体用力环扎，以完全阻断肢体血流，达到止血的目的。但要注意以下事项：

①扎止血带的部位应在伤口的近心端，并尽量靠近伤口。

②不宜直接扎在皮肤上。

③不可过紧过松，以远端动脉搏动消失为宜。

④扎止血带应有明显标记，有阻断血流时间的记录。

⑤时间不宜过长，以1小时为宜。

⑥应注意伤员保暖并及时观察伤员全身状况等。

（4）药物止血。用明胶海绵、凝血酶止血纱布、三七粉、云南白药等进行止血。

（二）包扎

对受伤部位进行包扎的目的是为了保护伤员的伤口，以减少污染，固定敷料、药品和骨折位置，压迫止血并减轻疼痛。常用的包扎物有：绷带、三角巾和多头带。现场抢救中也可以就地取材，如采用衣裤、毛巾、被单等进行包扎。

（1）包扎部位必须清洁干燥，皮肤皱折处用棉纱布间隔，骨隆突处用棉垫保护。

（2）包扎时使伤员位置舒适并保持功能位。

（3）包扎方向应从远心端向近心端包扎，以促进静脉血液回流。

（4）绷带须平贴包扎部位，防止受污染。

（三）固定

固定常用于骨折或骨关节损伤类伤员，其目的是减轻这类伤员病痛，避免骨折损伤血管、神经等，并可防治休克，更便于伤员的转运。如有较重的软组织损伤，也可将局部固定。固定过程中应注意以下事项：

（1）如有伤口和出血，应先止血并包扎伤口，然后再固定骨折，如有休克应先进行抗休克处理。

（2）如为开放性骨折，不可把刺出的骨端送回伤口，以免造成感染。

（3）上夹板时除固定骨折部位的上、下两端外，还要固定上、下两关节，其宽度要与骨折肢体相适应，长度必须超过骨折部位的上、下两关节。

（4）夹板不宜与皮肤直接接触。

（5）固定应松紧适宜、牢固可靠，并严密观察末梢血液循环情况。

（四）心跳呼吸骤停的救治

1. 救治程序

（1）通过对伤者轻拍或呼唤，首先判断伤者有无意识。

（2）如无反应立即施救。

（3）迅速打开气道，具体方法有4种：仰头抬颈法、仰头举颏法、手托下颌法、牵颈抬下颌法。

2. 人工呼吸

其具体方法有口对口人工呼吸法和口对鼻人工呼吸法两种。

（1）口对口人工呼吸法。伤者仰卧位，抢救者一只手置于伤员额部加压使头后仰，另一只手抬起颈部或下颏使口腔与气道成一直线，以利通气；另一手的拇指和食指握住伤员鼻孔，急救者深吸一口气，随即吹入伤者口中，直到胸部抬起为止。

（2）口对鼻人工呼吸法。适用于口部严重损伤，牙关紧闭者。急救者用一只手轻压伤员前额，使头后仰，另一只手抬起伤员的下颌，使口闭合，深吸气后，向鼻内吹气，如此反复进行。

3. 胸外心脏挤压及操作方法

（1）挤压部位。成人胸骨分为上、中、下各1/3段，挤压部位在胸骨的中1/3段与下1/3段的交界处；儿童挤压部位在胸骨中1/3段。

（2）定位方法。抢救者用食指和中指沿伤者一侧肋弓下缘，向上滑行到两侧肋弓汇合点，中指定位于下切迹处，食指与中指并拢，另一手掌根平放并紧靠在食指旁，掌根的长轴与胸骨的长轴重合，再将定位手的掌根放在另一手的手背上，两手掌根重叠，十指相扣，手指翘起离开胸壁。

（3）操作。①抢救者上半身前倾；两肩位于双手的正上方，两臂伸，垂直向下用力，借助于上半身的体重和肩、臂部肌肉的力量进行挤压。②挤压深度4～5厘米，用力均匀，不可过猛。③挤压后要放松，挤压与放松时间相等。④挤压后手掌不要离开胸壁。⑤挤压速度以每分钟不超过60～80次为宜。

五、道路交通事故中不同创伤的救助

道路交通事故现场紧急救助是早期抢救伤员最直接有效的措施，也是维持和恢复重危伤员生命机能的关键环节。在紧急救助过程中，开放气道、心肺脑复苏、包扎止血、抗休克、骨折的固定和正确及时的运送，对于挽救受伤者生命至关重要。

（一）心跳和呼吸骤停的救护

（1）当受伤者出现意识障碍、发绀、心跳突然变慢并伴有血压明显下降、心率紊乱等体征时，往往是心跳停搏的先兆表现，要予以高度警惕，应迅速判断并当即采用胸外叩击法（连续两次），这是最快、最有效的抢救方法（叩击部位与胸外心脏挤压部位相同）。如无自主心跳，再改用胸外心脏挤压和人工呼吸的方法，直到伤员心脏恢复搏动。

（2）部分受伤者伤后会出现呼吸困难或呼吸停止，如果不及时抢救则会很快死亡，因此应尽快实施人工呼吸。在事故现场，在不影响急救的前提下，应把伤者平放在通风良好的环境中做人工呼吸。首先要检查伤者口鼻腔中有无泥沙、痰液，如有应及时予以清除，保持呼吸道通畅，以利通气。并松开伤员的衣领、内衣、裤袋、乳罩，以免妨碍胸廓运动。

（二）颅脑损伤的救护

交通事故中颅脑损伤的发生率比较高，死亡率也才高，需要引起高度重视。颅脑伤的症状是：昏迷、失去知觉、瞳孔散大、呼吸声粗、呕吐等。

（1）救护时应将伤者置侧卧位，头部用衣物垫好，略加固定。

（2）解开衣领，腰带等紧缩物；呕吐物应及时排出并清除，防止阻塞气道，以利于维持呼吸功能，避免因缺氧给大脑带来不可恢复的损伤。

（3）如伤者神智清醒，可能仅仅是头皮伤，应进行包扎处理，先将大块敷料覆盖伤面，再用绷带严密包扎，以达到加压止血的目的。

（4）若伤者耳、鼻、口溢血，不得加以堵塞。

（5）要注意观察颅脑伤者的意识状态。受伤者意识清醒是指能清楚辨别时间、地点、周围环境；受伤者意识模糊是指失去定向能力，嗜睡或躁动；受伤者半昏迷是指对疼痛刺激有反应，无自发性运动。颅脑损伤是致命伤，应及时迅速送往医院救治。

（三）颌面、颈部损伤的救护

颌面、颈部有重要的感觉器官，颌面的血液供应丰富，颈部是大血管和重要神经通路，受伤后不仅有严重的出血和呼吸吸能障碍，而且可以并发脑损伤，构成对生命的威胁。因此对颌面、颈部的损伤要及时救护，防止呼吸道阻塞和失血性休克。

（1）救护时及时清除口腔、鼻腔中的泥土、血凝块等异物，保持呼吸道通畅，以免发生窒息。

（2）颌面、颈部伤口喷射鲜红色血液，可能为动脉血管破裂，可在伤口附近找到搏动的血管，用手指或手掌把血管压在骨骼上止血，并迅速送往医院进一步处理，以免造成失血性休克而死亡。

（3）下颌骨骨折可采用包扎的方法进行处理，即先将上下牙咬合对好，再将伤部移位的组织复位，并用绷带或布带将下颌向上托起，以免骨片移位，引起呼吸困难。将绷带一端绕过头顶部到对侧颞部，与另一端绞成“十”字形，横向包扎于头部。

（四）腹部开放性伤的救护

（1）在交通事故中，一旦遇到人员被利物刺破腹壁时，不论脏器有无损伤都应将伤者抬放呈仰卧位，使膝部处于半曲位置，减少腹部张力。

（2）腹部伤口有脱出的肠等脏器时，不要急于送入腹腔，可用医用纱布或干净白布等敷盖，也可用干净的碗盖住伤口，防止脏器干燥或再次受到污染，送到医院后再消毒处理。

（五）脊椎骨损伤的救护

交通事故所致脊椎骨骨折多为闭合伤，以压缩骨折和脱位伤后压迫脊髓时最为严重。

（1）如果受伤者自感腰部疼痛或下肢神经感觉减退，首先应考虑有胸、腰椎受伤的可能性。

（2）在救护运送时，绝对禁止让受伤者坐起或采取一人抬肩、一人抬腿搬运或搂抱拖拽的方法，以免造成身体前屈，加重损伤的后果。

（3）搬运时要用力均匀，保持伤者身体呈平直姿势，托放在担架或床板、木凳上，再送检查处理。

（六）四肢骨折的救护

对于四肢骨折伤员应暂时固定骨折处后再搬运。

（1）前臂骨折，用2块带衬垫夹板，从腕至肘分别在骨折处掌、背两侧，用绷带绑好固定，再用一条三角巾或上肢吊带将前臂屈肘90°，悬吊固定于胸前。

（2）上臂骨折，需用4块带衬垫夹板，从肩（腋）到肘，分别在骨折处内外前后侧用4条绷带绑好夹板，再将上臂连同胸部一并固定在一起，然后用一条三角巾成上肢吊带将前臂屈肘90°悬吊固定于胸前。

（3）小腿骨折，用长短相当带衬垫夹板从脚跟到大腿中部，在骨折处上下两端、膝下和大腿中部分别用绷带缠紧，在外侧打结，脚跟处用“8”字形绷带固定，使脚与小腿成直角。

（4）大腿骨折可用一块自腋窝到脚跟长的带衬垫夹板置于伤者外侧，健肢移向伤脚并列，用绷带分别围绕胸、腹、大腿上部、膝部及小腿固定伤肢。

（5）脚部固定与小腿骨折包扎相同。包扎固定后，将伤者仰卧，轻轻放倒担架上移入救护车内，尽快送到医院急救处理，救护车在途中尽量避免颠簸振动。

（七）大出血的急救

当伤者出现大出血时，救护者必须迅速止血，然后再送医院急救。常用的止血方法有加压包扎止血法、指压止血法、止血带止血法等，具体方法见前述。

六、交通事故现场伤员分类及转运注意事项

（一）事故现场伤员分类及意义

1. 事故现场伤员分类的意义

当多起交通事故发生时，伤员数量大，伤情复杂，危重病人多，急救和搬运常出现四大矛盾：急救技术力量不足与伤员需要抢救的矛盾；急救物资短缺与需求量矛盾；重伤员与轻伤员都需抢救的矛盾；轻伤和重伤都需要搬运的矛盾。解决这些矛盾，必须对伤员进行分类，才能使急救工作和搬运工作有条不紊地进行，提高抢救效率。

2. 伤员分类

在事故现场应迅速地把伤员分为三类，即轻伤员、重伤员和危重伤员。这样可以保证充分发挥人力、物力的作用，使需要抢救的轻重伤员各得其需，急救人员可根据先重后轻的原则进行救治和搬运。

3. 伤员分类标记

用不同颜色的布条对伤员进行标记，红色代表伤情危及生命者；黄色表示严重但无生命危险者；绿色表示受伤轻、可行走；黑色表示死亡者。标记要挂在伤员胸前醒目部位，易引起有关人员注意。

（二）伤员搬运

危重伤员经现场急救处理后应尽快送往医院进行治疗。

（1）搬运伤员脱离危险地（图2–18）。现场急救时，如果发现伤员的身体还在某些重物体的重压之下或随时有再受压过度致伤的可能性，应迅速将伤员搬运至安全地方，常用以下方法：

①拖运法。使伤员平躺，两臂弯曲搭放在胸前，搬运者蹲在伤员前方，双手插至伤员肩下到腋窝，抓紧腋下衣服，使伤员的头依附在救护人员的前臂挂向后用力，在地面上平移直至拖行出危险地。

②双人拉车法。救护人员一人站在伤员的头部，两手插在其腋下拖其在怀内，另一人站在其足部，立在伤员中间，两人步调一致前行。

③搀扶法。适合于神志清楚、但行动困难不能自行走出危险地的伤员。救护人员站在伤者一侧，拉起手臂，使手搭在救护者颈部，另一只手环绕在伤员腰部，并抓牢伤员的衣服，使伤员依靠救护者行走。

图2-18　搬运伤员脱离危险地

（2）担架使用法。常用的担架有帆布担架、充气担架等。

①上担架法。在尽量可能不改变伤员体位的情况下，将伤员平抬上担架。主要适用于多发性骨折伤员。具体有二人搬运法、四人搬运法、铲式担架搬运法。

②担架运送法（图2-19）。将伤员平躺在担架上，必要时系好束带，如抬担架者为四人，分别站在担架四角；如为二人则分别站在担架前后。抬担架的基本要求是尽量使伤员身体保持在水平状态，行走时伤员足在前，头在后。对休克伤员可保持担架水平或头部稍低位，切忌头高脚低位。

图2-19　担架运送法

（3）救护车运送伤员。采用救护车运送伤员时上救护车下救护车很关键。

①上救护车法。救护车上应安装有轨道滑行装置，使伤员头在前，将担架放在轨

道上滑入车内。如无此装置，救护人员应合力将担架抬起，保持头部稍高位抬入救护车内。

②下救护车法。将担架抬下救护车时，救护人员要注意保护伤员。如从轨道上滑行，要控制好滑行速度，尽可能保持担架平稳。

（4）途中监护。运送伤员到医院抢救应尽量采用救护车，并让伤员保持平卧。救护人员要充分利用车上的设备对伤员实施生命支持与监护，以免伤情进一步加重或引起休克。

①心电监护。对重伤员应做常规心电图或持续的心电监护，出现异常情况应及时报告医生给予处理。

②给氧或机械通气。应用鼻导管或面罩给氧，保持呼吸道通畅，如有气管插管要保证插管的正确位置。伤员在接受氧疗过程中，要密切观察呼吸频率和幅度的改变。

③注意观察经固定的肢体，定时检查四肢末梢循环情况，如出现循环障碍要及时处理。

④观察伤员神志、体温、脉搏、血压等生命体征的变化。概括地讲，道路交通事故创伤急救包括院前急救、院内救治（包括康复治疗）两个阶段。为提高抢救效果和抢救质量，应加强包括通信联络系统、交通运输系统、抢救治疗组二要素及急诊室、创伤手术室、重症监护室等在内的多环节建设。

道路交通创伤已成为现代社会的一大公害，如何高效救治交通事故受伤者，广泛普及事故现场急救知识和操作技术，最大限度地降低交通创伤给人类社会发展带来的负面影响，是一个庞大的社会工程，需要全社会的共同努力。这一任务在我国今后相当长的时间内都将十分艰巨，既需要多专业、跨学科的优秀技术人才坚持不懈的努力，更需要广大人民群众的全面参与。只有彻底广泛地普及事故现场急救知识和操作技术，我国的道路交通创伤救治水平方可真正提高。

第三章 心理危机评估与心理援助技术

当危机发生时，受害人的心理就遭受了创伤。由于个体的心理素质、思想素质、社会支持系统以及生活环境和宗教信仰的不同，个体的挫折容忍力存在显著差异。不同的人面对相同程度的危机事件，他们心理危机的严重程度往往存在比较大的区别。心理援助者不能仅凭事故的严重性主观地作出判断，也不能仅凭受害者表面的反应来下结论，必须依据专业的方法作出科学的评估。

每一起道路交通事故及其受害人的情况都是非常复杂的，面对受害者，只有及时做出心理危机评估，才能做到有的放矢，从而对需要援助的人采用恰当的方式提供心理援助。对于那些存在严重心理危机症状，如急性应激障碍和创伤后应激障碍的受害者，要请心理治疗人员用专业的方法进行干预，并在干预的过程中适时定期进行评估。可以说，心理危机评估贯穿了心理援助的全过程，对整个援助过程起着指导性的作用。本章主要介绍心理危机评估的方法和对结果的处理。

图3–1　心理危机评估

第一节　心理危机评估的意义和原则

一、心理危机评估

心理评估是运用多种方法获得信息，对评估对象的心理品质或状态进行客观的描述和评定。危机事件后的心理评估是指应用心理评估的方法，对危机受害者的心理品质或状态进行客观的描述和评定。心理危机是个人遭遇突如其来的灾难时，既不能回避，又无法用通常解决问题的方法来解决所出现的心理失衡状态。对危机受害者做好心理危机评估工作，能为下一步心理援助工作的实施做好准备。

受害者心理受创的严重程度是心理危机评估的核心问题，它是进行其他一切工作的前提和基础，并且要在状况紧急和条件有限的情况下迅速完成心理评估。危机事件后的早期心理评估尤为重要，Danny等调查显示，创伤1周时伤者的创伤后应激障碍（PTSD）的相关症状存在与否及其严重程度，可预测其一年后的PTSD状况。在创伤急性期，为伤者实施心理评估并酌情予以即时干预，对减轻或防止其发生PTSD具有积极意义，尤其尽早识别其中严重心理危机者，针对其问题的主要原因、特征，有的放矢地给予个性化的心理干预，进而引导其有效应对突发意外事件所产生的不良身心反应，可增强伤者对创伤康复治疗、护理的能动性，使其达到自身条件下的身心完好状态。此外，受害者在危机事件发生后都会存在不同程度的心理问题或心理障碍，对这些问题的把握及了解对于做好心理护理工作是至关重要的，也是治疗身心疾病及预防身心障碍的一个重要方面。心理评估对于维护受害者群体的心理健康必不可少。

心理评估应贯穿于危机干预的全过程，是危机干预工作者的一项必不可少和持续性的工作。心理评估之所以重要，是因为它有助于工作者明确危机的严重程度，了解求助者目前的情绪状态，确定可变通的应对方式、应付机制、支持系统或对求助者而言切实可行的其他措施，明确求助者伤人或自伤的危险性。

二、交通事故心理危机评估的意义

当交通事故发生时，对受害人进行及时准确的心理创伤评估是十分必要的。因为只有通过评估才能使援助者准确理解当事人的危机情境及其反应，这是整个心理援助的前提。而且只有通过评估才能确定危机的严重程度，逐渐确定当事人的心理状态，进而确定采用的应对策略、有效的支持系统等。交通事故发生时，对受害人进行心理创伤评估要求很高。首先是时间，在平常状态下进行心理咨询与心理治疗，可以在相对长的时期内也就是说可以通过一些评定工具及宽限的时间里通过各种方式获得对患者的深入了解，然后确定治疗方案。而在交通事故中时间相当有限，要求援助者必须快速准确地理解受害人的危机情境与应激反应；其次是评估体系要全面，应该涉及认知、情感和行为等诸多方面；最后就是在危机事件发生的全程中应该都有评估存在，心理创伤评估要贯穿援助过程的始终。

2005年11月14日山西省沁源县发生了造成20名学生与1名教师不幸身亡的特大交通事故。这起损失惨重，国内外影响巨大的事件发生之后，一些心理专家赶赴事发现场，对惨遭不幸的沁源二中的学生进行了心理干预。心理专家通过心理测试发现，在20位幸存的学生中，患重度抑郁症的有10个，中度抑郁的有4个，有孤独感的16个，有恐惧感的15个，有敌对情绪的3个，有内疚感的3个。专家指出，类似事件发生后很多人都可以自愈，但仍有20%～30%的人可能会留下创伤后遗症，甚至将创伤性的情绪带入他们的性格之中，这是最令人担心的。如果没有这种评估，就不可能准确地了解受害者心理创伤的实际情况，也就无从采取有针对性的干预对策。

道路交通事故心理危机干预中的评估不是那种在长时程临床治疗中经常用到的形式化的评估程序，而是干预者的一个广泛、自觉而连续不断的工作。在危机干预中，评估活动极为重要，因为它可以帮助危机干预工作者确定：①危机的严重程度；②危机当事人当下的情绪状态，即当事人情绪的能动性或无能动性的水平或程度；③可供选择的行动方案、应对机制、支持系统及当事人可以利用的其他资源；④当事人自杀或杀人的可能性。

三、心理危机评估的原则

（一）客观性原则

客观性原则也叫实事求是原则，即按照事物的实际表现（即客观指标）去揭示其内在的本来面目（本质、结构、联系与规律等），而不加任何主观臆断或歪曲。所谓不加主观臆断，不是说研究者不能有主观活动或设想，而是说不要在毫无依据或缺乏足够的依据之前轻率地作出武断性的结论，应力求使主观认识与客观事实相一致。心理现象是一种客观存在的现实，因此应该从人与自然环境、社会环境的相互关系出发，控制和改变一定的外部条件，观察心理、行为的变化状况，探讨心理活动的规律，切忌采用主观臆断或单纯内省思辨的方式。

（二）发展性原则

这一原则要求在评估中不仅要考虑一个人业已形成的心理品质和历史状况，而且要揭示那些刚刚产生的新的心理特点，这对于预测一个人的发展趋势和发展前景具有特别的重要意义。心理学研究不同个体的心理发展以及不同环境和教育条件下的心理变化，从而揭示心理的发生、发展规律。对于交通事故发生后心理评估不仅要注意个体家庭、受教育环等条件的差异，而且应随着时间推移对受害者心理进行跟踪评估，了解受害者心理变化规律，同时为援助提供依据。

（三）理论联系实际原则

心理学研究主要是解决现实生活中的问题，交通事故心理评估主要是了解交通事故受害者认知、情感情绪及行为的变化，以便采取及时有效的心理援助方案。心理量表的评估结果只能作为确定治疗方案的参考依据，具体还要结合受害者的实际感受和所处环境来决定处理方法。

第二节　心理危机评估的内容和方法

一、心理危机评估的内容

危机事件发生后，受害者心理健康状况是我们首要关注的问题，它是其他一切工作的前提和基础，并且要在状况紧急和条件有限的情况下迅速加以完成。交通事故受害者的心理评估主要通过三个方面，即受害者的认知、情感和行为。

（一）评估心理危机的严重性

在心理重建初期，心理咨询师和社会工作者必须尽可能快地对危机的严重程度作出评估，以帮助心理援助者作出判断，并决定在多大程度上采用指导性的援助措施。一个常用的评估危机严重性的模型是三维筛选模型，分别评估个体在危机情境中的情感（affection）、行为（behavior）和认知（cognition）三方面的功能水平，也被称为ABC评估模型（图3-2）。

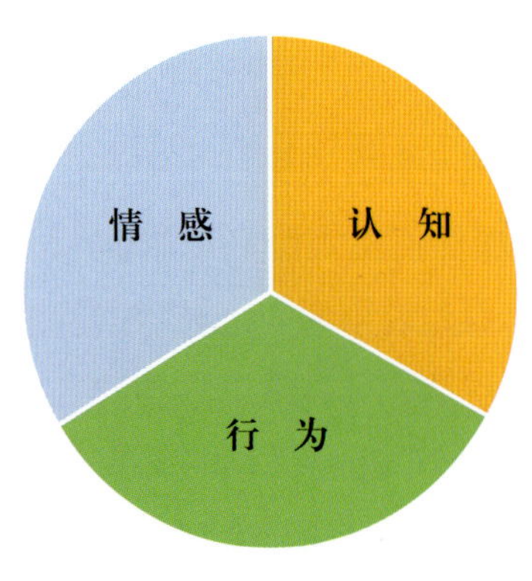

图3-2　ABC评估模型

这一模型被认为是快速、简单及高效的。

1. 情感状态

情感的异常或遭到破坏是当事人进入失衡状态的最初表征。在危机状态中，当事人的情感异常可以表现为过于激动而失去控制，也可以表现为过于退缩而不愿见人。通常情况下，心理援助者可以通过适当且现实的方式鼓励当事人表达自己的感受以恢复当事人的情感自控能力。在评估当事人的情感状态时，心理援助者要考虑下面这些问题：当事人的情感反应是否表明他试图否认危机情境的存在，试图回避卷入到现实的危机中来。相对于危机情境，当事人情感反应的程度是否合理。当事人的情绪状态是否因受到他人的影响而有所夸张，在某一特定的情境中，是否大多数人都表现出当事人的这种情感反应。

2. 行为功能

当事人在面对危机时做了哪些事情?是否采取了某些行为？行为方式又是怎样的?这些信息对于危机严重程度的评估相当重要。一般而言，促使当事人恢复主观能动性的最便捷，也是最有效的方法就是促使当事人采取某行动方案积极行动起来。如果当事人没有对危机情境作出某些积极地反应，做些具体的事情，那就意味着他们失去了对事态的控制力。在这种情况下，心理援助工作者可以询问当事人以下问题以促使他们采取某些建设性的行动力案：在过去类似的情境中，哪些行动有助于你重新获得对事情的控制力?现在，你必须做些什么事情才能对事态加以控制?你现在是否能联系某些人，他们能帮助你度过这场危机，或者至少对你来说具有支持意义？这些问题一旦当事人行动起来，这就为他营造了不断向前进步的积极氛围。

3. 认知状态

心理援助者需要从这些方面评估当事人的认知状态：当事人对于危机的认识真实、合理吗？当事人有没有对灾难进行合理化或夸大化的解释?当事人对危机进行反思的时间有多长?当事人有可能改变对危机情境的不合理信念，并且用更积极、更冷静、更合理的方式重新理解危机情境吗?

表3-1所示的三维评估表（Triage Assessment Form，简称TAF）是由迈尔（Myer）等人根据前文所述的三维评估模型设计的一个危机评估量表（见附录一）。与模型相对应，三维评估表由三个亚量表组成，包括：情感严重性量表，用于测量当事人因交通事故感受到的愤怒敌意、恐惧焦虑、沮丧、忧愁情绪；行为严重性量表，用于测量当事人在趋近、逃避和无能动性这三种失去能动性的形式表现；认知严重性量表，用于测量当事人在多大程度上按照侵犯、威胁和丧失的眼光来感知交通事故在生理、心理、社会关系和道德、精神方面带来的影响。三维评估表（TAF）如下表所示，是一

个自评与他评相结合的量表，也提供了一个框架给心理援助工作者及评估当事人在危机面前的功能活动状态。

三维评估表

情感严重性表	测量当事人因交通事故感受到的愤怒、敌意、恐惧、焦虑、沮丧、忧愁情绪
行为严重性表	测量当事人在趋近、逃避和无能动性这三种失去能动性的形式表现
认知严重性表	测量当事人在多大程度上按照侵犯、威胁和丧失的眼光来感知事故在生理、心理、社会关系和道德、精神方面带来的影响

（二）各阶段的重点问题

图3-3　事故现场，谁最需要援助?

心理援助与其他人类服务形式，如咨询、社会工作、心理治疗等最主要的区别在于没有充裕的时间供心理援助工作者收集和分析所有背景和检查资料，而这些在非应激条件下常常是可以做得到的。富有成效的心理援助工作的关键点是能够收集到相关的资料和了解其中的意义所在，而其他人类服务的工作者则习惯于在实施援助前收集完整的社会和心理学资料。然而，迅速评估求助者的失衡程度和能动性，以及能根据情况变化相应改变评估策略的随机应变能力，应该是评估者需要培养的首要技能。

从问题的发生到危机的解决，评估是中心，贯穿于整个过程（图3-3）。心理援助工作者应该注意，不要因为表面上看来危机已得到解决，而认为不再需要检查评估。（图3-4）有关平衡的评估，包括求助者危机的严重程度、目前情绪状态、可替代的解决方式、环境支持、应付机制、能力以及自杀的危险性等，只有在求助者已恢复到危机前的平衡水平、能动性和自主性，才能结束。因为只有在此时求助者的心理危机才能算是缓解。恢复到危机前平衡状态并不意味着求助者不需要进一步的帮助、长期治疗或医学治疗，它只是代表心理援助工作者的工作已基本完成了，危机的急性期已经过去（图3–5）。

图3–4　援助过程中的评估（他的心理危机有多严重？是否需要转介到专业治疗机构？）

图3–5　援助结束时的评估（他是否已恢复到平衡状态？是否需要长期治疗？）

（三）识别正确的应对策略

（1）坚持日常工作（图3–6）。

（2）寻求帮助。

（3）给予他人帮助（图3–7）。

（4）讲述自己的经历、尽量理解所发生的事情。

（5）了解所爱的人的健康状况。

（6）关心事故中受伤的亲人（图3–8）。

（7）参加遇难亲人的葬礼。

（8）设定目标并制定实行计划。

（9）解决问题。

（10）参加运动和体育活动，跳舞以及其他创造性活动和文化活动（图3–9）。

图3-6　坚持日常工作

图3-7　给予他人帮助

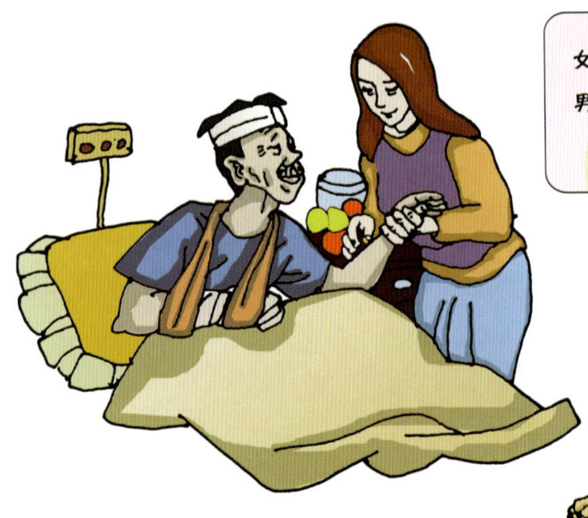

女：“叔叔，你好点了吗？”

男：“你这么难受还来看我，你真是个坚强的人。”

图3-8　关心事故中受伤的亲人

图3-9　参加文体活动

二、交通事故心理评估的方法

（一）观察法

观察法是通过直接或间接地观察或观测被评估者的行为表现而进行心理评估的一种方法。观察法的依据之一是人的行为是由其人格的基本心理特征所决定的，因此是稳定的，在不同的情况下也会有大致相同的反应。在观察下得到的行为表现和印象可以推测被观察者的人格特征及存在的问题。

观察法的优点首先在于实施方便，直接观察不用器材，不受评估对象所处环境和所持态度的影响；其次，所得资料基于对象当前表现，比较真实和客观。观察也有局限。第一，观察针对的只是外显行为，而评估者感兴趣的认知评价、情感体验等内在心理过程不能直接观察；第二，个体的外显行为是多种因素共同作用的结果，带有一定的偶然性，因此观察的结果不易重复；第三，间接观察特别是隐私行为的观察涉及伦理学问题；最后，观察结果的有效性还取决于观察者的洞察能力、分析综合能力等，观察中可能因为光环效应、期望效应等导致观察错误。

（二）会谈法

会谈法也有称作“交谈法”、“晤谈法”等（图3-10）。是访谈者与来访者之间有目的地进行信息沟通的手段之一，其基本形式是主试者与被评估者面对面的语言交流，也是收集信息、心理评估和治疗援助的重要方法。

会谈是一种互动的过程。在会谈中评估者起着主导和决定的作用。会谈技术包括言语沟通和非语言沟通两个方面。在言语沟通中，包含了听与说。听有时比说更重要，评估者不仅要耐心地倾听被评估者的表述，抓住问题的每个细节，还要注意搜集被评估者的情绪状态、行为举止、思维表达、

图3-10　会谈法

语言逻辑性等方面的情况，综合地分析和判断，为评估提供依据。在非言语沟通中。可以通过微笑、点头、注视、身体前倾等表情和姿势表达对被评估者的接受、肯定、关注、鼓励等，促进被评估者的合作，启发和引导他（她），将问题引向深入。

（三）调查法

调查法是通过晤谈、访问、座谈或问卷等方式获得患者的有关资料，并加以分析研究，从而进行心理评估的一种方法。调查的含义是，当有些资料不可能从当事人那里获得时，就要从相关的人或材料中得到。因此，调查是一种间接的、迂回的方式。调查法的优点是，简便易行，可以结合纵向与横向两个内容，广泛而全面。不足之处是，调查常常是间接性的评估，材料的真实性容易受被调查者主观因素的影响。

（四）心理测验法

在心理评估中，心理测验占有十分重要的地位，测量评估是观察评估的有益补充。尽管前述的一些基本方法（会谈法、观察法）应用普遍，但是这些都无法取代心理测验的作用。因为测验可对心理现象的某些特定方面进行系统评定，并且测验一般采用标准化、数量化的原则，所得到的结果可以参照常模进行比较，避免了一些主观因素的影响，使结果评定更为客观。

交通事故心理评估中心理测验的应用范围很广，种类也十分繁多。交通事故心理测验内容主要指评定与心理有关的各方面问题：如智力、事件影响程度、情绪状况、应对方式评定等。测量评估一般有两种形式即自评和他评。交通事故心理评估的自评量表主要有心理健康自评问卷 ，事件影响量表等。他评常用的量表有创伤经验症状量表、创伤问题评估表等。

三、心理危机评估的注意事项

交通事故的心理评估，是进行心理援助的前提。恰当的心理评估能够及时准确找到受害者的主要心理问题，但是评估不当不但不能给心理援助提供帮助，反而会给心理援助工作带来不利影响，所以心理危机评估有以下四个注意事项。

（一）尊重

对受害者进行心理评估，首先需要受害者的知情同意和出于自愿，不可强制进行。同时心理工作者决不可自居职业角色优势，凌驾于受害者意愿之上。在观察受害者的表情动作并分析其情绪状态时，发现异常应及时给予援助。其次，心理工作者应善解人意，并密切关注受害者，这样不仅可使受害者深感自身权益得到维护，还可以激发受害者与心理救援者的主动合作。

（二）保密

无论以哪种方法实施评估，都可能涉及受害者的个人隐私。此时心理工作者应承诺替受害者保密。并必须严格遵守心理评估的职业操守，妥善保管受害者的个人资料。而且心理评估结果有心理工作者作出解释，是保密的，只有本人可以查看。

（三）非功利

交通事故的心理评估和援助应该是完全免费的，是交通运输部门应该提供的服务。有些人前往交通事故现场对受害者进行心理评估，仅仅是为了自己的研究和发表论文的需要，而把受害者当作自己的调查对象，对受害者做完心理问卷后，就迅速撤走，不做任何的心理救助工作，这种做法是不妥的。

（四）与援助相结合

日本心理援助支援队队长富永良提出了二条灾后心理援助原则，其中第三条特别提到：关于心理创伤的评估，仅仅实施评估也会给受害者造成二次心理创伤，必须是能够持续进行援助的人在进行创伤心理教育的同时实施适当的评估，并保证能够提供一对一的心理咨询援助。

四、道路交通事故心理危机评估常用量表

（一）身心症状自评量表（SCL-90）

1. 基本概念

症状自评量表（Self-reporting Inventory），又名90项症状清单（SCL-90），有时也叫做Hopkin's症状清单（HSCL，编制年代早于SCL-90，作者为同一人，HCSL最早版编于1954年）。于1975年编制，其作者是德若伽提斯（L.R.Derogatis）。该量表共有90个项目，包含有较广泛的精神病症状学内容，从感觉、情感、思维、意识、行为直至生活习惯、人际关系、饮食睡眠等，均有涉及，并采用10个因子分别反映10个方面的身心症状情况。

2. 量表特点

（1）症状自评量表具有容量大、反映症状丰富、能准确刻画被测验对象的自觉症

状等特点。它包含有较广泛的精神病症状学内容，从感觉、情绪、思维、行为直至生活习惯、人际关系、饮食睡眠等均有所涉及。

（2）它的每一个项目均采取1 ~ 5级评分，具体说明如下：

没有：自觉并无该项问题（症状）；

很轻：自觉有该问题，但发生得并不频繁、严重；

中等：自觉有该项症状，其严重程度为轻到中度；

偏重：自觉常有该项症状，其程度为中到严重；

严重：自觉该症状的频度和强度都十分严重。

作为自评量表，这里的“轻、中、重”的具体涵义应该由自评者自己去体会，不必做硬性规定。

（3）该量表可以用来进行心理健康状况的诊断，也可以做精神病学的研究。可以用于他评，也可以用于自评。

3. 适用范围

本测验适用对象包括初中生至成人（14岁以上）。本测验的目的是从感觉、情感、思维、 意识、行为直到生活习惯、人际关系、饮食睡眠等多种角度，评定一个人是否有某种心理症状及其严重程度。它对有心理症状（即有可能处于心理障碍或心理障碍边缘）的人有良好的区分能力。适用于测查某人群中哪些人可能有心理障碍,某人可能有何种心理障碍及其严重程度。不适合于躁狂症和精神分裂症。本测验不仅可以自我测查，也可以对他人（如其行为异常，有患精神或心理疾病的可能）进行核查，假如发现得分较高，则应进一步筛查。

4. 包含内容

本测验共90个自我评定项目。测验的九个因子分别为：躯体化、强迫症状、人际关系敏感、抑郁、焦虑、敌对、恐怖、偏执及精神病性。

身心症状自评量表是为了评定个体在感觉、情绪、思维、行为直至生活习惯、人际关系、饮食睡眠等方面的心理健康症状而设计的。

5. 注意事项

（1）在躁狂症或精神分裂症患者组中的应用受到了一定限制——量表项目全面性不够，缺乏“情绪高涨”、“思维飘忽”等项目。

（2）只能可能，并不能说一定有心理疾病。要作出诊断，必须进行面谈并参照相应疾病的诊断标准。

（二）焦虑自评量表（SAS）

焦虑自评量表由华裔教授Zung编制（1971）（见附录二）。从量表构造的形式到具体评定的方法，都与抑郁自评量表（SDS）十分相似，此表是一种分析病人主观症状的相当简便的临床工具。适用于具有焦虑症状的成年人，具有广泛的应用性。国外研究认为，SAS能够较好地反映有焦虑倾向的精神病求助者的主观感受。而焦虑是心理咨询门诊中较常见的一种情绪障碍，所以近年来SAS是咨询门诊中常用来了解焦虑症状的自评量表。

1. 适用对象

SAS适用于具有焦虑症状的成年人，同时它与SDS一样，具有较广泛的适用性。

2. 评定方法

（1）在自评者评定之前，要让他把整个量表的填写方法及每条问题的含义都弄明白，然后做出独立的、不受任何人影响的自我评定。

（2）在开始评定之前，先由工作人员指着SAS量表告诉他：下面有二十条文字，请仔细阅读每一条，把意思弄明白，然后根据您最近一星期的实际情况，在适当的方格里画一“√”。每一条文字后有4个方格，分别代表没有或很少（发生）、小部分时间、相当多时间、绝大部分或全部时间。如果评定者的文化程度太低了不能理解或看不懂SAS问题内容，可由工作人员逐条念给他听，让评定者独立地自己做出评定。一次评定一般可在十分钟内完成。

3. 注意事项

（1）评定的时间范围，应强调是“现在或过去一周”。

（2）在评定结束时，工作人员应仔细地检查一下自评结果，应提醒自评者不要漏评某一项目，也不要在相同一个项目里打两个“√”（即不要重复评定）。

（3）SAS应在开始治疗前由自评者评定一次，然后至少应在治疗后（或研究结束时）再让他自评一次，以便通过比较SAS总分变化来分析自评者症状的变化情况。如在治疗期间或研究期间评定，其间隔可由研究者自行安排。

4. 结果分析

SAS的主要统计指标为总分。由自评者评定结束后，将20个项目的各个得分相加，即得粗分（raw score）经过下式换算，y=int（1. 25x）即用粗分乘以1.25 以后取整数部分，就得到标准分（index score，y），或者可以查表作相同的转换。

必须着重指出，SAS的20个项目中，第5、9、13、17、19条共5个项目的计分是反向计分。

5. 应用评价

SAS是一种分析病人主观症状的相当简便的临床工具。国外研究认为，SAS能较准确地反映有焦虑倾向的精神病患者的主观感受。而焦虑则是心理咨询门诊中较常见的一种情绪障碍，近年来，SAS已作为咨询门诊中了解焦虑症状的常用自评量表。

6. 结果解释

按照中国常模结果，SAS标准分的分界值为50分，其中50～59分为轻度焦虑，60～69分为中度焦虑，70分以上为重度焦虑。

（三）抑郁自评量表和抑郁状态量表（SDS和DSI）

抑郁自评量表（见附录三），含有20个项目，分为4级评分的自评量表，原型是Zung于1965年编制。1972年Zung增编了他评问卷，称为抑郁状态问卷。其特点是使用简便，并能相对直观地反映抑郁患者的主观感受。主要适用于具有抑郁症状的成年人，包括门诊及住院患者。评定时间为最近一周。

1. 内容

SDS和DSI分别由20个陈述句和相应问题条目组成。第一条目相当于一个有关症状，按1～4级评分。反映抑郁状态的四组特异性症状如下。

（1）精神性—情感症状，包含抑郁心境和哭泣两个条目；

（2）躯体性障碍，包含情绪的日夜差异、睡眠障碍、食欲减退、性欲减退、体重减轻、便秘、心动过速、易疲劳共八个条目；

（3）精神运动性障碍，包含精神运动性抑制和激越两个条目；

（4）抑郁的心理障碍包含思维混乱、无望感、易激惹、犹豫不决、自我贬值、空虚感、反复思考自杀和不满足共八个条目。

2. 评分方法

每一个条目均按1、2、3、4四级评分。20个条目有十项用正性词陈述的为反向计分题，其余十项用负性陈述的为正向计分。抑郁严重指数=各条目累计分/80（80是最高总分）。指数范围为0.25～1.0，指数越高，抑郁程度越重。

3. 测试结果

SDS和DSI评分指数在0.5分以下为无抑郁；0.50～0.59为轻度抑郁；0.60～0.69为中度抑郁；0.70以上为重度抑郁。

SDS和DSI是一种短程自评量表和问卷，操作方便，容易掌握，能有效地反映抑郁状态的有关证明及其严重程度和变化情况，特别适用于综合医院用来发现抑郁症病人。SDS的评分不受年龄、性别、经济状况等因素影响。如果受试者文化程度较低或能力水平稍差不能进行自评，可采用DSI由检查者进行评定。

4. 注意事项

（1）SDS主要适用于具有抑郁症状的成年人，它对心理咨询门诊及精神科门诊或住院精神病人均可使用。对严重阻滞症状的抑郁病人，评定有困难。

（2）关于抑郁症状的分级，除参考量表分值外，还要根据临床症状。特别是要害症状的程度来划分，量表分值仅能作为一项参考指标而非绝对标准。

（四）简短应激问卷

说明：本测量（见附录四）无正式规范。根据各项的内容，0~15分说明被调查者可能适当地处理了事件中的应激，16~25分说明了被调查者正遭受事件应激，对其采取预防措施是明智之举，26~35分说明可能存在，35分以上说明极有可能存在应激障碍。

（五）事件影响量表（IES－R）

事件影响量表（见附录五）是一个测试者对特殊生活事件的灾难性体验进行测量和评估的自陈式问卷。它可用于测量在治疗过程中来访者获得的发病和进步。

事件影响量表共有22题，分为侵袭性症状、回避症状、高唤醒症状三个分量表。

（六）创伤经验症状量表

创伤经验症状量表（见附录六）包括身心症状评估量表、资产损失情况量表和生活情况量表。

（七）创伤问题评估表

在重大灾难后，因为经历了相当大的震撼，所以在任何人身上，都会留下或多或少的心理创伤。我们可以通过个别会谈检测，进一步了解受害者的心理状况，再形成帮助他们的策略（见附录七）。

（八）心理危机评估三维筛选模型

该模型（见附录八）主要是评估个体的认知、情感和行为三个方面的功能水平，这是一种简易、快速、有效的模型。其中认知评估主要包括侵犯、威胁和丧失三项内容；情感评估包括评估愤怒／敌意、恐惧／焦虑和沮丧／忧愁；行为评估包括接近、回避、失去能动性等内容。

在危机状况下，需要的是一种迅速，有效的方法，能真实的估计求助者过去和现在的状况，这样的工具应该是简便、容易实行的，只要具备一定检查技巧的危机干预工作者就能够使用。北伊利诸斯大学的迈耶（Myer）和威廉姆斯（Williams）等人编制的分类评估量表（TAF）。这个表格常适用于对危机求助者的检查评估。

这里主要介绍这种三维筛选模型。这种模型能有助于工作人员从认知、情感和行为三方面来判断求助者目前的功能状态、危机的严重程度及对求助者能动性的影响，它同样也是工作人员判断如何解决危机的基础。求助者处于目前危机的时间长短也决定了工作人员需花多长时间来缓和危机。因为危机是有时限性的，绝大多数的急性危机只持续几天便会出现改变——改善或恶化。危机严重程度的评估包括两方面：求助者的主观认识；工作人员的客观判断。客观评估是基于对求助者三个功能方面的评价：认知（思维方式），情感（感受或情绪反应），以及精神活动（行为）。

TAF操作简单，内容丰富，包括了求助者的情感，认知和行为方面，每一方面都有其对应的特殊反应方式和举例，有助于工作人员确定求助者目前的功能水平。这三个严重程度的评估量表实际上也反映了危机干预工作者干预行动的过程。在大多数危机情况下，该量表能有效地帮助和指导工作人员判断危机的严重程度和决定需要采取的干预方式。

（九）心理健康自评问卷（SRQ）

1. 特点

简单、明确、易懂、好用，可用作自评或他评，但不能交叉用。SRQ（见附录九）包含20个条目，评估内容以情绪状态（焦虑、恐惧、抑郁等）与躯体症状为主。

2. 评分

所有20个条目的评分都为“0”或“1”。“1”表示在过去的一个月存在症状。“0”表示症状不存在。最高总分为20分，分界值为7分或8分。阳性表明被试有情感痛苦，需要精神卫生帮助。

3. 评估对象

主要用于危机事件救援人员。

（十）职业倦怠问卷

1. 基本介绍

按照国际公认的定义，衡量职业倦怠的三项指标（见附录十）分别为：情绪衰竭、玩世不恭、成就感低落。也就是说，判断一个人是不是有职业倦怠。第一是看他的情绪是不是衰竭了，也就是看他有没有活力，有没有工作热情；第二是看他是不是玩世不恭；第三是看他的成就感是不是低落。国内专家也专门设计了一套职业倦怠测试量表，能帮助人们了解自己的“倦怠状况”。

2. 评分标准

把各题得分相加，选A得5分，选B得 3分，选C得1分。

12～20分，你没有患上职业倦怠症，你的工作状态不错。

21～40分，你已经开始出现了职业倦怠症的前期症状，要警惕，并应尽快加以调节。

41～60分，你对现在的工作几乎已经失去兴趣和信心，工作状态很不佳，长此以往对个人的身心健康和工作都非常不利，应当引起重视，可以请求心理咨询师给予咨询和帮助。

第三节　心理危机应激障碍的分类

个体在危机事件后，若其短期的心理伤害不能得到及时治疗，加上自身个性特征的影响，会形成创伤后应激障碍等严重的长期心理伤害。

应激既有有利于机体发展的一面，也有不利于机体发展的一面。有利于机体的应激反应时，机体处于适度的紧张和兴奋状态，有利于个体正确评价信息，采取有效的应对策略，增强对疾病的抵抗力，使机体在新的水平上更好的适应环境。但当出现不利于机体的应激反应时，机体会处于过度的焦虑、紧张状态，将对信息的认知造成影响，应对能力下降。同时可能造成内分泌或免疫系统功能紊乱，抵御疾病的能力下降，甚至可以导致各种心理疾病。

根据创伤对人们造成的创伤程度和持续时间可将应激障碍分为急性应激障碍、创伤后应激障碍及适应障碍三种类型。

一、急性应激障碍（ASD）

（一）急性应激障碍的概念

急性应激障碍是指因遭受重大的刺激或者严重的精神打击，在受到刺激数小时内发病，产生一系列较强的生理心理反应，表现为强烈的恐惧反应，如果处理不当非常

容易转为创伤后应激障碍[1]。

（二）急性应激障碍的持续时间

急性应激障碍通常在应激事件发生之后的数小时内出现，但时间要比急性应激反应的时间要长得多，约一个月或者更长，对机体产生的危害及影响也更大。

（三）急性应激障碍的症状表现

急性应激障碍的持续时间较久。产生急性应激障碍的人会有过度的紧张、焦虑和恐慌、失眠多梦、对刺激事件进行过多的考虑并收集有关信息，充满恐怖想象，采取过度防护措施。对外界事物或本身都极其敏感，严重影响个人的日常生活。工作、学习、社交能力均有下降。心理方面表现为罪恶感、愤怒感、绝望感等。生理方面主要表现为各种胃肠道、心血管、呼吸系统、皮肤和泌尿系统的功能障碍。急性应激障碍者初期多表现为呆滞状态，不愿意与他人交流沟通，少言寡语，对外界刺激没有适度的反应，并且在事后会遗忘。尽管在面对应激事件后应激者的表现形式多种多样，但绝大多数幸存者都有强大的自我修复能力，能够通过自我调整，最终理解和接受所经历的危机事件，逐渐恢复正常的心理社会功能。

（四）急性应激障碍的诊断

1. 症状

ASD为一过性[2]障碍，作为对严重躯体或精神应激的反应发生于无其他明显精神障碍的个体，常在几小时或几天内消退。应激源可以是势不可挡的创伤体验，包括对个体本人或其所爱之人安全或躯体完整性的严重威胁（如自然灾害、事故、战争、受罪犯的侵犯、被强奸）；也可以是个体社会地位或社会关系网络发生急骤的威胁性改变，如同时丧失多位亲友或家中失火或同时存在躯体状况衰竭或器质性因素（如老年人），发生本障碍的危险性随之增加。

并非所有面临异乎寻常应激的人都出现障碍，这就表明个体的易感性和应付能力在急性应激反应中的症状表现的严重程度方面有一定作用。症状有很大变异性，但典型表现是最初出现“茫然”状态，表现为意识范围局限、注意狭窄、不能领会

---

① 杨艳杰.危机事件心理干预策略.北京：人民卫生出版社，2012年3月，第62页。

② “一过性”是指某一临床症状或体征在短时间内一次或数次出现，往往有明显的诱因，如发生在进食某种食物、服用某种药物、接受某种临床治疗或其他对身体造成影响的因素之后。随着诱因的去除，这种症状或体征会很快消失。

外在刺激、定向错误。紧接着这种状态，是对周围环境进一步退缩（可达到分离性木僵的程度），或者是激越性活动过多（逃跑反应或神游）。常存在惊恐性焦虑的自主症状（心动过速、出汗、面赤）。症状一般在受到应激性刺激或事件影响后的几分钟内出现，并在2～3天内消失（常在几小时内），对于发作可有部分或完全的遗忘。

2. 诊断要点

异乎寻常的应激源的影响与症状的出现之间必须有明确的时间上的联系。症状即使没有立刻出现，一般也在几分钟之内出现。此外，症状还应有以下表现：①表现为混合性且常常是有变化的临床症状，除了初始阶段的“茫然”状态外，还可有抑郁、焦虑、愤怒、绝望、活动过度、退缩，且没有任何一类症状持续占优势；②如果应激性环境消除，症状迅速缓解；如果应激持续存在或具有不可逆转性，症状一般在24个小时开始减轻，并且在3天后往往变得十分轻微。本诊断不包括那些已符合其他精神科障碍标准的患者所出现的症状突然恶化。但是，既往有精神科障碍的病史不影响这一诊断的使用。

3. 中国诊断标准

中国诊断标准是由中华精神科学会于2000年颁布的《中国精神障碍分类与诊断标准第3版》（CCMD-3）。

急性应激障碍的诊断标准：以急剧、严重的精神打击作为直接原因。在受刺激后立刻（1小时之内）发病。表现有强烈恐惧体验的精神运动性兴奋，行为有一定的盲目性，或者为精神运动性抑制，甚至木僵。如果应激源被消除，症状往往历时短暂，预后良好，缓解完全。急性应激障碍的诊断包括症状标准、严重标准和病程标准。

症状标准：以异乎寻常的和严重的精神刺激为原因，并至少有下列1项。

（1）有强烈恐惧体验的精神运动性兴奋，行为有一定盲目性；

（2）有情感迟钝的精神运动性抑制（如反应性木僵），可有轻度意识模糊。

严重标准：社会功能严重受损。

病程标准：在受刺激后若干分钟至若干小时发病，病程短暂，一般持续数小时至1周，通常在1个月内缓解。

4·28胶济铁路交通事故伤员心理危机干预结果分析

赵国秋　汪永光　王义强　等

目的：分析淄博铁路交通事故伤员心理行为反应特点，对EMDR（眼动脱敏再加工）在心理危机干预中的应用进行初步探讨。方法：根据心理危机结构式访谈问卷，对226伤员进行心理状态评估。对22名ASD患者进行EMDR治疗，比较EMDR治疗前后的心理行为反应的差异。结果：有22名达到ASD（急性应激障碍）诊断标准，ASD发生率为9.73%，伤员中主要以闯入、警觉性增高表现为主，并伴随着其他的负性情绪体验。女性组心理行为反应结果明显重于男性组，女性组ASD的发生率高于男性组。EMDR能够显著改善ASD患者的闯入、警觉性增高症状。

结论：EMDR可能是一种有效的ASD处理技术，灾害后心理行为反应的性别差异的原因仍需进一步研究。

二、创伤后应激障碍

（一）创伤后应激障碍的概念

创伤后应激障碍（PTSD）是指个人经历异乎寻常的应激事件以后，导致个体对创伤情景的回避，对外界环境的刺激反立迟钝，又称为延迟性心因性反应[①]。

创伤后应激障碍（PTSD）是交通事故后常见的精神障碍。它使患者出现高度惊觉、反复闯入的意识和体验、与社会隔离的回避行为，以及注意力不集中、创伤性事件回忆困难等症状，这些会使他们的社会功能严重受损，有的甚至终身丧失工作和生活能力。

（二）创伤后应激障碍（PTSD）发生的影响因素

1. 创伤性事件

经历创伤性应激事件是PTSD的直接原因和诊断的必要条件。CCMD-3的诊断标准中首先就要求个体经历了对每个人来说都异乎寻常的创伤性事件或处境，因此个体是否暴露于创伤性事件，是PTSD产生的至关重要的因素。PTSD发生的概率与创伤性事件的类型有关。由被打劫、车祸引起PTSD的发生率则高于25%，突然获悉爱人、亲友死亡导致PTSD的发生率最高可达60%。

① 杨艳杰. 危机事件心理干预策略. 北京：人民卫生出版社，2012年3月，第64页。

2. 个体易感素质

（1）性别：男性暴露于创伤性事件的危险性高于女性，经历创伤性事件的均数大于女性。强暴或性骚扰方面的创伤，女性的经历多于男性，其他如暴力侵犯、交通事故、看到暴力事件等则都是男性多于女性。但值得注意的是，经历创伤事件后女性发生PTSD的比例几乎是男性的2倍。暴露于同一创伤性事件后女性PTSD的患病率也明显高于男性。

（2）年龄：各种类型的创伤性事件尤其是暴力事件的发生高峰均在16～20岁，可能与这个年龄段的青少年喜欢冒险、追求刺激有关。突然获悉爱人或亲友意外死亡导致的PTSD在41～50岁间达到高峰，因为该年龄段生老病死发生率也开始上升。

（3）人口统计学特征：有报道说男性、青壮年、居住在城内的少数民族比女性、老人、居住在城郊的中产阶级暴露于创伤性事件的危险性高。受教育水平低的高于受教育水平高的，低收入人群高于高收入人群，居住在中心城市的高于居住在其他地区的人群。曾结过婚（现已分居、离异、守寡）的人群高于现在仍保持良好婚姻状况的人群，这一点在女性中尤为明显。而男性中最为特别的是已婚的个体比未婚的患病率高。

（4）共病。PTSD的一个重要特点就是共病率高，即PTSD患者同时有其他精神障碍的发生率高。与PTSD共病的精神疾病主要包括：重症抑郁、焦虑障碍、物质滥用等。共病的生理疾病包括：高血压、支气管哮喘、消化性溃疡、肥胖、肿瘤及其他生理疾病等。因此，对其进行及时的管理、治疗是心理援助工作者工作的重点。

（三）创伤后应激障碍的分类

1. 美国精神障碍诊断统计分类手册第四版（DSM—1V）分类

（1）急性PTSD指症状立即发生，持续时间少于3个月。

（2）慢性PTSD指症状持续3个月或更长。

（3）延迟发生PTSD指在创伤性事件后至少6个月之后出现症状。有很多在童年起受到虐待，特别是性虐待的人直到青春期或成年期之后才发病。

2. 根据创伤事件发生的时间及其症状的严重性进行分类

Ⅰ型创伤事件发生在成年期，且为孤立创伤事件。例如发生在成年期之后的交通事故、自然灾难、遭遇性暴力或虐待等。临床表现出的症状主要为：①闪回，创伤事件的记忆和体验反复顽固地侵入头脑；②回避，对可能引发对创伤事件的记忆和体验的场合、物体、人物采取强烈的回避态度；③过度唤醒，对周围的信息刺激产生过度的警觉反应，如惊叫、强烈的惊恐发作等。

Ⅱ型创伤事件发生在童年期，且为多发或持续的创伤事件，例如童年遭遇身体的虐待、性虐待、情感剥夺、战争经历等。该类创伤的临床症状较为复杂，但不伴随人格的扭曲和障碍。Ⅱ型创伤除了具有I型创伤所有的症状之外，还伴随有：①情感紊乱：强度很大的情绪波动、自我情绪调节能力减弱、有自伤行为、自杀倾向、或不安全的冒险冲动行为，对未来失去希望、丧失信念和价值感。②人际关系紊乱：自我关心不足、无法信任他人、容易再次遭受创伤、感到永远地被毁坏了、有负罪感或感到羞耻、感到被孤立和隔绝。③躯体化和分离性症状：生理上出现各种症状，如各种部位的疼痛、麻痹，失控；疑病型恐惧，如总觉得自己得了不治之症；记忆缺失，不能回忆创伤的完整过程。

Ⅲ型创伤与Ⅱ型创伤基本相同，并进一步伴随人格的障碍，如人格分裂，多重人格，以及边缘型人格障碍。

3. 创伤后应激障碍的诊断

中国诊断标准是由中华精神科学会于2000年颁布的《中国精神障碍分类与诊断标准，第3版》（CCMD-3）。在创伤后应激障碍的诊断标准中，2008年7月由卫生部修改了病程。其诊断标准如下。

（1）主要表现

创伤后应激障碍是由异乎寻常的威胁性或灾难性心理创伤，导致延迟出现和长期持续的精神障碍。主要表现为：

①反复发生闯入性的创伤性体验重现（病理性重现），梦境，或因面临与刺激相似或有关的境遇，而感到痛苦和不由自主地反复回想。

②持续的警觉性增高。

③持续的回避。

④对创伤性经历的选择性遗忘。

⑤对未来失去信心。

少数病人可有人格改变或有神经症病史等附加因素，从而降低了对应激源的应对能力或加重疾病过程。精神障碍延迟发生，在遭受创伤后数日甚至数月后才出现，病程可长达数年。

（2）症状标准

①遭受对每个人来说都是异乎寻常的创伤性事件或处境（如天灾人祸）。

②反复重创伤性体验（病理性重现），并至少有下列1项：第一，不由自主地回想受打击的经历；第二，反复出现有创伤性内容的噩梦；第三，反复发生错觉、幻觉；第四，反复发生触景生情的精神痛苦，如目睹死者遗物、旧地重游、或周年日等情况

下会感到异常痛苦和产生明显的生理反应，如心悸、出汗、面色苍白等。

③持续的警觉性增高，至少有下列一项：第一，入睡困难或睡眠不深；第二，易激惹；第三，集中注意困难；第四，过分地担惊受怕。

④对与刺激相似或有关的情境的回避，至少有下列2项：第一，极力不想有关创伤性经历的人与事；第二，避免参加能引起痛苦回忆的活动，或避免到会引起痛苦回忆的地方；第三，不愿与人交往、对亲人变得冷淡；第四，兴趣爱好范围变窄，但对与创伤经历无关的某些活动仍有兴趣；第五，选择性遗忘；第六、对未来失去希望和信心。

（3）严重标准

社会功能受损。

（4）病程标准

精神障碍延迟发生（即在遭受创伤后数日至数月后，罕见延迟半年以上才发生），符合症状标准至少已1个月（2008年6月修订此条）。

（5）排除标准

排除情感性精神障碍、其他应激障碍、神经症、躯体形式障碍等。

三、适应障碍（AD）

（一）适应障碍的概念

适应障碍是对于某一明显的处境变化或应激生活事件所表现的不适反应，是指在明显的生活改变或环境变化时产生的、短期的和轻度的烦恼状态和情绪失调，常有一定程度的行为变化等。[①] 能影响到社会功能，但并不出现精神病性症状。

（二）适应障碍的诱发事件

典型的生活事件有：居丧、离婚、失业换岗、迁居移居、转学升学、新兵入伍、经济危机、退休、或患严重躯体疾病引起的生活适应障碍等。其病程往往较长，通常在应激性事件或生活发生改变后起病，表现为烦恼、抑郁等情感障碍，以及适应不良行为和生理功能障碍，并产生个体社会功能受损的一种慢性心因性应激障碍。发病往往与事件的严重程度、个体心理素质、心理应对方式等有关。时过境迁、刺激消除或者由于经过调整形成了新的适应，精神障碍随之缓解。

《美国精神疾病诊断与统计手册》第3版修订本首次确立适应障碍的诊断，并将短

① 杨艳杰.危机事件心理干预策略.北京：人民卫生出版社，2012年3月，第65页。

时的急性适应障碍的主要表现按主要精神症状分以下类型：以情绪低落、忧伤易哭、悲观绝望等为主的抑郁型，严重者可出现自杀行为；或以焦虑、烦恼、害怕、敏感多疑、紧张颤抖、反复向别人倾诉痛苦等为主的焦虑型；以逃学、旷工、斗殴、粗暴、破坏公物、目无法纪和反社会行为等为主的品行障碍型；以孤独、离群、不参加社会活动、不注意卫生、生活无规律等为主的行为退缩型；以影响学习或工作、效率下降、成绩不佳为主的工作学习能力减弱型。

但许多病人出现的症状是综合性的。如一个少年和亲人分离后，表现为抑郁、易怒、不知所措和暴力行为，则根据其突出症状分型，假如无突出症状则为混合型。病人也常伴有生理功能障碍如睡眠或食欲不佳等。

起病通常在应激性事件或生活改变发生后1个月之内，除长期的持续性反应外，症状持续时间一般不超过6个月。急性应激障碍（ASD）和长期的慢性应激障碍，即创伤后应激障碍（PTSD） 区别开来。急性应激反应以急剧、严重的精神打击作为直接原因，在受刺激后几分钟至几小时发病，症状表现为一系列生理心理反应的临床综合症，如恐惧、警觉性增高、回避和易激惹等。而创伤后应激障碍则经常于危机事件后的数月或数年后发生，是受害人由于经历紧急的、威胁生命的或对身心健康有危险的事件，导致受害者在创伤之后出现的长期焦虑与激动情绪。其症状表现为持续性的重现创伤体验，反复痛苦回忆、噩梦、幻想以及相应的生理反应；个体有持续性的回避与整体感情反应麻木；有持续性的警觉性增高，如情绪烦躁、入睡困难等。

需要强调的是，应激相关障碍诊断时不仅要依据症状和病程而且要考虑构成病因的影响因素：异乎寻常的应激性生活事件，或引起持久性不愉快的生活明显改变。前者可产生急性应激障碍，后者可导致适应障碍。不太严重的心理应激虽可诱发本类障碍，但一般认为本类障碍的发生是急性应激或持续性心理创伤的直接后果，即这类因素是基本的和占据压倒性地位的原因，没有这些因素的直接作用，则本障碍就不会发生，并由此导致应对机制损害和社会功能损害。

第四节　道路交通事故心理援助技术

一、建立良好关系和提供支持的技术

交通事故心理援助的目的是调动各种可利用的内外资源，采取各种可能的或可行的措施，限制乃至消除危机反应，从而使现存的危机得以解决，最大限度地降低危机

造成的伤害。一般来说，建立良好关系和提供支持的技术有：沟通技术、心理支持技术等，包括倾听、具体化、内容反映、内容表达、面质技术、非言语行为援助等。

（一）倾听

倾听是心理援助的第一步，是援助者与求助者建立良好关系的最基本要求，同时，也是援助者获取求助者信息十分有效的办法（图3-11）。交通事故后，幸存者都有倾诉的愿望，援助者应该耐心地倾听每一个求助者的问题和故事。倾听表达了对求助者的尊重，也能使求助者在良好的气氛中宣泄自己的痛苦和烦恼。通过倾听，援助者可以掌握求助者的困难，对事件的看法及对相关事物的态度，从而为了解求助者的内心世界奠定了基础。倾听过程中，援助者了解的信息越丰富，就越能够找到求助者的问题核心，就会准确地解决求助者的问题。

正确有效的倾听要求援助者与求助者能够共情，要求援助者不仅用耳朵听，还要用眼睛观察求助者的行为举止，不仅听懂求助者表面表达出的问题，还要用心琢磨其省略和隐含的内容，甚至于潜意识。对于那些言不由衷、避重就轻、或遮遮掩掩的求助者，援助者要有敏锐的洞察力去发现问题的实质，从而更好地解决问题。比如援助者对危机中的求助者实施救援时，求助者说："事故让我爸爸妈妈不幸去世了，但是我还能挺得住，你们不用担心我。"从求助者的语言表面看，交通事故似乎没有给求助者造成太深的创伤，但是其背后却隐藏了非常痛苦的情感。所以援助者一定要引导求助者把内心真实的情感表达出来。可以跟求助者说："我对你的遭遇感到非常的难过，我的心情跟你一样，面对这样的灾难每个人都会很痛苦，都会有各种情绪反应，无论你有怎样的情绪体验，无论你想哭泣还是愤怒，还是别的什么，千万别克制自己，请你一定尽情地表达出来。"

图3-11　倾听

在心理援助中，适当的情感宣泄的确是一种非常有效的援助手段。对于危机后的幸存者，非常渴望他人给予关心安慰和理解，援助者一定要适时给予支持。另外对于求助者在倾诉时表达的任何内容，援助者都不应给予价值的评判，即便援助者对求助者的观点、做法不认同甚至反感，也不要表现出来，要无条件的尊重、接纳求助者，可以通过诸如，嗯、啊、哦等语词，或点头微笑等表现出对求助者倾诉的回应，以示自己在很认真的倾听，求助者就可以继续倾诉宣泄了。

心理援助过程中，援助者的语言与非语言行为会反映出援助者正全神贯注地聆听求助者的语言表达，并表示理解和接纳。援助者的倾听可分为两个层面，第一是指援助者身体的专注与倾听；第二是指援助者心理的专注与倾听。以下简要介绍一些倾听技术。

1. 倾听的要点

（1）注意力集中在求助者的世界（不要随意打断求助者所想说的，让他自由的表达，以进入他的经验中）。

（2）专注在求助者的言语和非语言信息。

（3）依据求助者当时的心理准备状况，让他进入某种情绪状态。

（4）在适合的时机援助者可以通过适时的身体接触安抚求助者（如拍拍求助者的肩膀，递给对方纸巾等）。

2. 倾听技术

倾听技术包括言语和非言语的技术，如关注、重复、重读、询问、情感反应等。

（1）非言语关注

在倾听过程中，非言语活动常常起着重要作用。目光接触、身体语言、空间距离、沉默等都是传递信息的重要方式。运用非言语关注时，一是要让求助者有被关注感，感到援助者正在注视着他，在倾听他的诉说，从而促进他自我表达、自我开放；二是援助者在倾听的同时也要给予适当的非言语反应，如点头、微笑、用表情动作特别是面部表情表示理解或惊讶。使其产生“援助者重视我说的话”的感觉。

倾听的注意事项

- 要重视求助者的问题，无论问题是大是小，不能有不耐烦、轻视的态度。
- 不能随意打断求助者的叙述并干扰、转移话题，求助者可能会无所适从或感觉不受尊重。
- 干预者不能按照自己的价值观和道德准则对求助者的价值观念和为人处世方式做道德或正确性的评价，这会给求助者带来压力。
- 不能随意就对求助者的问题下结论，给求助者贴标签。

（2）重复

重复就是心理援助者对求助者所倾诉的内容进行全部或部分复述。在倾听过程中可以起到以下作用。

①帮助援助者验证自己是否理解了求助者所表达的内容。如果理解有误，可以通过求助者的反馈得到及时修正；如果理解正确，可使求助者感受到自己被理解，从而有助于增进表达。

②可使受助者意识到援助者在注意听其讲话，从而对其继续表达起到鼓舞作用。

③由于重复的内容往往是一些关键内容，由此可使求助者后续谈话的主题得到明确，并按着被重复的内容深入下去。

④重复使求助者杂乱无章的内容得到清理、归纳，从而帮助求助者对问题进行自我审视。

（3）重读

重读是心理援助者对求助者所表达内容中认为重要的字或词以强调性语气进行重复。重读的作用主要是引导求助者注意其忽略或未说清的部分，促使其对此再作出详细的说明；同时也表明了心理援助者对求助者谈话中关键词语的注意，能够使谈话向纵深方向发展。

（4）询问

为了更准确全面地了解情况，在最短的时间里获得最多的信息，控制谈话的主题、节奏，需要穿插询问。它能引导求助者对某些内容进行深入表达，迫使求助者就某些内容作出进一步思考。它有助于援助者深入了解和掌握求助者的情况。

援助者想要获取更多有用的信息，要多运用开放式的询问，鼓励求助者完整地叙述事件的来龙去脉，鼓励他们宣泄自己内心的真实感受，并能以自己的方式表达深层次的内容。这种询问一般采用开放式询问，例如“为什么”、“愿不愿意”、“能不能”等词来发问，让对方就有关问题、思想、情感给予详细说明，求助者没有给定的答案，可以自由表达，以促进求助者作自我剖析。在讯问过程中，援助者的语气要平和、礼貌、真诚，不能给求助者以被审问的感觉，在询问前，援助者应当做好准备，思路清晰，对敏感性问题的询问要注意对方的接受程度，不宜表现出不恰当的兴趣。

（5）摘要

摘要是指援助者启发求助者自己将其所表达的信息进行整理、归纳、综合，并以提纲的方式表达出来。摘要常被用于一次会谈结束或谈话中一个片段的结束。它可以由援助者作出，也可由求助者实施。摘要具有继续下一次会谈的性质，是援助者的主动反应，可以使求助者了解刚才自己说了什么。若摘要是由援助者作出，摘要的内容应是求助者叙述内容的重点。它应该是简短的、中肯的，而不是解释性的。若摘要是由求助者作出，摘要的内容可以是他们在援助实施中所获得的认识。

（6）情感反应

情感反应是指援助者对求助者表达的情感进行反应。在会谈中，求助者以言语或非言语方式表述问题时，总是伴随着一定的情感，并通过一定的线索表现出来。援助者在收集有关求助者的资料时，了解其情感所包含的意义十分重要，可依此作出较为合理的判断。

（二）具体化技术

具体化技术是指在心理援助过程中援助者协助求助者准确清楚地表达他们的观点、概念、体验到的情感和经历的事件。

在经历交通事故的初期，许多幸存者的认知出现问题，思维混乱，往往在思想、情感和事件的表述上出现相互矛盾、不合常理、模棱两可的状况。这些异常的变化使求助者自己感到困惑和烦恼，同时也使问题变得比较复杂。这时援助者该根据具体化技术，协助求助者澄清那些模糊的问题和观念，弄清楚真实的情况，并且让求助者也弄清楚自己的真实思想。援助者应该使求助者从这种模糊的情感体验中逐渐清晰起来，逐渐使事情的真实状况还原，使求助者认识到自己的问题所在，通过具体询问求助者的绝望和兴趣丧失问题的原因，找到求助者身上发生的事件全貌，以便了解求助者的认知和行为方式，为进一步实施援助奠定基础。

（三）内容反应与情感反应和表达

1. 内容反应

内容反应技术是指援助者对求助者所表达内容的反馈，主要是将求助者的主要言谈、思想加以综合分析，再反馈给他们的过程。援助者要选择求助者言语中的中心实质性内容，用自己的语言表达出来，使事件的过程更加细化、清晰，让求助者自己更加确定自己所阐述内容的实质含义，从而进一步深化会谈的内容和深度。

2. 情感反应

情感反应与内容反应很接近，但有所区别，内容反应着重于求助者言谈内容的反馈，而情感反应着重于求助者的情绪反应。情绪往往是思想的真实外露，通过对求助者情绪的了解可进而推测出求助者真实的思想、态度等。

3. 内容表达

内容表达是指援助者向求助者传递信息、提出建议、提供忠告、给予保证、进行褒贬和反馈等的技巧。内容表达与内容反应不同，内容表达是敢于表达自己的观点、意见，而内容反应则是援助者反馈求助者的叙述。援助者的反馈是一种表达，反映援助者对求助者观点的理解和看法，借此可使求助者了解自己的状况，也可从求助者的言语和非言语反应中得知自己的反馈是否正确，从而相应地做出调整。

4. 情感表达

情感表达是指援助者向求助者表达自己的情绪、情感活动，告知自己的情感感受。正确的情感表达能体现出援助者对求助者设身处地的共情，也能向求助者表达自己的感受，使求助者感受到援助者对自己的尊重、理解和支持。自我开放也属于一种情感表达，在援助者自我开放自我表达的过程中，求助者能够感受到援助者的真挚和坦诚，拉近双方的距离，调动求助者的积极性。

（四）面质技术

面质，也称对质，是援助者当面指出求助者自身存在的观念、情感、行为的矛盾，致使求助者面对问题，正视这些矛盾的一种语言援助技术。实施面质技术的目的不在于纠正求助者说错了什么话或者犯了什么错误，更不是指出错误，而在于帮助求助者面对问题所在。求助者由于心理防御机制的自我保护，谈及自身问题时模糊不清、躲躲闪闪、甚至自相矛盾、不肯正视现实，援助者运用面质技术就是鼓励求助者消除或减弱自我防御机制，正视自己的问题，进而客观地梳理并妥善处理问题。面质的意义不是要援助者贬低、否定、教训求助者，而在于引导、开启并激励求助者，使其学会客观、辩证地看待当前所面临的问题。

（五）非言语行为援助

心理援助中，援助者除运用语言来对求助者进行疏导和安慰，还会通过非语言行为与求助者进行沟通和交流，对语言内容进行补充、在心理援助中也同样起着重要的作用。援助者应重视把非言语行为融入言语表达中去，不仅是嘴巴在参与援助，而是全身心地整个人参与援助。能否赢得求助者的信任，很大程度上取决于非言语行为的表达。援助的过程中援助者的漫不经心、不感兴趣、东张西望或焦躁不安、总是看表、有意无意表现出不耐烦等行为，这些非言语行为的信息就会直接影响求助者的积极性，使他们对援助者失望，觉得援助者不尊重自己，然后失去信任和好感。

同时，非言语的信号是表达共情、积极关注和尊重的有效方式之一，言语和非言语行为的一致性是提高援助效果的重要保证，更是提高援助技巧的有效方式之一。因此，援助者实施心理援助，听、说、看、想，缺一不可，将其协调使用，才能最大程度提高援助效果。

二、危机事件心理援助技术

（一）以求助者为中心疗法

以求助者为中心疗法是人本主义心理疗法中的主要代表。人本主义心理疗法是20世纪60年代兴起的一种新型心理疗法，其指导思想是第二次世界大战后在美国出现的人本主义心理学。这个疗法不是由某个学派的杰出领袖所创的，而是由一些具有相同观点的人实践得来的，尤以罗杰斯（C. R. Roners）开创的求助者为中心疗法影响最大，是人本主义疗法中的一个主要代表。求助者为中心疗法认为，任何人在正常情况下都有着积极的、奋发向上的、自我肯定的无限的成长潜力。如果人的自身体验受到闭塞，或者自身体验的一致性丧失、被压抑、发生冲突，使人的成长潜力受到削弱或阻碍，就会表现为心理病态和适应困难。如果创造一个良好的环境使他能够和别人正常交往、沟通，便可以发挥他的潜力，改变其适应不良行为。

罗杰斯认为，有机体都有一种天生的基本趋势，要以各种方式去发挥他的潜在能力，来推动有机体的生长、前进、成熟。比如幼儿学步，在正常情况下，小孩不论跌倒多少次，最后总是可以学会独自走路的，心理的成长也是如此。在合理、良好的环境中，一个人总是能靠这种天生的力量由小到大发育成熟，成为一个健全的、功能完善的人。在人的成长中，不利的环境条件，使人的这种趋势受到歪曲和阻碍，形成冲突，人就会感到适应困难，表现为各种乖僻古怪的行为。罗杰斯认为，这些人都是求助者为中心疗法的对象。所以，罗杰斯不把他所治疗的对象叫做病人（patient），而叫做咨询客人（client）。

求助者为中心疗法可分为若干步骤，罗杰斯强调，这些步骤并非截然分开，而是有机结合在一起的。

（1）咨客前来求助。这对治疗来说是一个重要的前提，如果来访者不承认自己需要帮助，不是在很大的压力之下希望有某种改变，咨询或治疗是很难成功的。

（2）咨询师向咨客说明咨询或治疗的情况。咨询师要向对方说明，对于他所提的问题，这里并无确定的答案，咨询或治疗只是提供一个场所或一种气氛，帮助咨客自己找到某种答案或自己解决问题。咨询师要使对方了解，咨询或治疗的时间是属于他自己的，可以自由支配，并商讨解决问题的方法。咨询师的基本作用就在于创造一种有利于来访者自我成长的气氛。

（3）鼓励咨客情感的自由表现。咨询师必须以友好的、诚恳的、接受对方的态度，促使对方对自己情感体验作自由表达。咨询者开始所表达的大多是消极的或含糊的情感，如敌意、焦虑、愧疚与疑虑等。咨询师要有掌握会谈技巧的经验，有效地促使对方表达。

（4）咨询师要能够接受、认识、澄清对方的消极情感。这是很困难也是很微妙的一步。咨询师接受了对方的这种信息必须对此有所反应，但不应是对表面内容的反应，而应深入咨客的内心深处，注意发现对方影射或隐含的情感，如矛盾、敌意或不适应的情感。不论对方所讲的内容是如何荒诞无稽或滑稽可笑，咨询师都应能以接受对方的态度加以处理，努力创造出一种气氛，使对方认识到这些消极的情感也是自身的一部分。有时，施治者也需对这些情感加以澄清，但不是解释，目的是使咨询者自己对此有更清楚的认识。

（5）咨客成长的萌动。当咨客充分表达出其消极的情感之后，模糊的、试探性的、积极的情感，会不断萌生出来，成长由此开始。

（6）咨询师对咨客的积极感情要加以接受和认识。对咨客所表达出的积极的情感，如同对其消极的情感一样，咨询师要应予以接受，但并不加以表扬或赞许，也不加以道德的评价。而只是使咨客在生命之中，有这样一个机会去了解自己，使之既无须为其消极情感而采取防御措施，也无须为其积极的情感而自傲。在这种情况下，促使咨客自然达到领悟与自我了解的境地。

（7）咨客开始接受真实的自我。由于社会评价的作用，一般人作出任何反应总有几分保留，加之价值的条件化，使人具有不正确的自我概念，因此常常会否认、歪曲若干情感和经验。这与人的真实自我是有很大距离的。完全不同的心境，能够有机会重新考察自己，对自己的情况达到一种领悟，进而达到接受真我的境地。咨客的这种对自我的理解和接受，为其进一步在新的水平上达到心理调和奠定了基础。

（8）帮助咨客澄清可能的决定及应采取的行动。在领悟的过程之中，必然涉及新的决定及要采取的行动。为此，咨询师要协助咨客澄清其可能作出的选择。另外，对于咨客此时常常会有的恐惧与缺乏勇气，以及不敢作出决定的表现应有足够的认识。此时，咨询师也不能勉强对方或给予某些劝告。

（9）疗效的产生。领悟导致了某种积极的、尝试性的行动，此时疗效就产生了。由于是咨客自己领悟到了，有了新的认识，并且付诸行动的，因此这种效果即使只是瞬间的，仍然很有意义。

（10）进一步扩大疗效。当咨客已能有所领悟，并开始进行一些积极的尝试时，治疗工作就转向帮助咨询者发展其领悟，以求达到较深的层次，并注意扩展其领悟的范围。如果咨客对自己能达到一种更完全、更正确的自我了解，则会具有更大的勇气面对自己的经验、体验并考察自己的行动。

（11）咨客的全面成长。咨客不再惧怕选择，处于积极行动与成长的过程之中，并有较大的信心进行自我指导。此时，咨询师与咨客的关系达到顶点，咨客常常主动提出问题与咨询师共同讨论。

（12）治疗结束。咨询者感到无须再寻求咨询师的协助，治疗关系就此终止，通常咨客会对占用了咨询师许多时间而表示歉意。咨询师要采用与以前的步骤中相似的方法，来澄清这种感情，接受和认识治疗关系即将结束的事实。

（二）意义疗法

1. 意义疗法的概述

意义疗法的创始人是奥地利著名的精神医学家维克多·弗兰克尔，他认为："人生的目的在于寻找和追求生命的意义。""意义治疗法"就是要让人们找到自己生命存在的意义，懂得"为何"而活着，去迎接"任何"困难。树立明确的生活目的，以积极向上的态度来面对生活的心理治疗方法。弗兰克尔说过："意义治疗学是建立在一种详尽的生活哲学基础之上的，即意志的自由，追求意义的意志以及生命的意义。"

意志的自由：弗兰克尔认为每个人都是自由的，但是这自由是相对的，因为个体在生存时又受到生理、心理、环境等一系列因素影响。所以这种意志的自由表现在对思想的表达与事件的抉择。他认为人类具有精神上的自由。通过自己意志，能够把握自己的命运，拥有自己独特的人生。

意义意志：人要寻求意义是其生命中的原始力量，而非因本能驱策力而造成的继发性合理化作用，它是人最深刻的动机，是最具有人本质特征的现象。意义意志不仅对心理健康有益，而且能帮助个体摆脱痛苦和忧伤的状态。寻找意义是人们生存的动力，在存在中尽可能地发现更多的意义并实现更多的价值，才能满足其生命意义感。

生命的意义：生命的意义并非是抽象的，每个人的生命都有其独特价值。所以每个人都有其自己存在的意义，但是不同人在某一阶段的意义有可能相同。生命的意义既有独特性又有客观性，意义疗法没有对生命意义作出抽象的规定，在治疗时没有唯一的生命意义，治疗者不能强加给求助者某一生命意义，需要在治疗的过程中由求助者去发现，去探索自己存在的意义与价值。

2. 意义疗法的技术方法

（1）矛盾意向法。矛盾意向主要用于类似焦虑症、强迫症的情况，主要思想是求助者表达自己心理困惑或不良事件后，不主张与此心理症结作斗争，相反鼓励求助者将这种行为和思维继续下去，以此来解决问题。当求助者停止与症状的抗争，转而对情境采取一种幽默的、嘲讽的态度时，他便不再与症状结合在一起，而是从更高的位置，以一定的距离来审视自己的症状。如此便打破了恶性循环，各种症状也就随之消失了。这种方法可以控制住焦虑、让人松弛，从容地应对各种环境。

（2）非反思法。非反思是意义疗法的另一种技术，主要用于过度意愿、过度注意及自我窥视的治疗。一般求助者会过于担心自己表现不尽如人意，由此导致扭曲的过度意向和过度反思，并将注意力集中于自我，从而阻碍了行为的正常进行。于是，求助者便产生某种恶性循环。非反思法针对此现象使求助者的注意力从行动本身或自我转移到积极的方面，如寻找自身优势、找准兴趣点、确立发展目标、发现自己生命的意义。

（3）意义分析法。意义分析主要针对神经症以及精神紧张等症状的一种治疗技术。出现上述症状可能是由于价值和意识冲突以及发现生命意义的终极挫折中造成的，可以帮助求助者通过找到应奋斗的事业、应建立的人际关系和应实现的人生价值来医治，也就帮助求助者重新找到生命的意义，使人可以精神振奋，懂得自己的任务和责任。

3. 意义疗法的注意事项

（1）生命意义不是循规蹈矩，一成不变的，所以治疗者不能告诉求助者，而是鼓励求助者自己去寻找生命意义与价值。

（2）当求助者寻找到自己新的生命意义后，但不能代替或放弃原来的，这时需要治疗师鼓励求助者用新的意义与价值来体会和享受生活的美好。

（3）充分肯定与支持求助者寻找到的抱负和理想，以改变以前的生活模式，并鼓励其付诸行动。

（三）绘画疗法

绘画疗法是艺术治疗的方法之一，是让绘画者通过绘画的创作过程，利用非言语工具，将潜意识内压抑的感情与冲突呈现出来，并在绘画的过程中获得纾解与满足，从而达到诊断与治疗的良好效果。绘画疗法按绘画内容分为以下三类：

（1）第一类是自由绘画。如自由画，指把脑海里出现的事物、形象、场景等画出来，不需要经过任何思考过程，想到什么就可以画什么。在这种技术中，求助者有最大的自由表现其最渴望表现的内心世界，治疗师可考察出求助者最主要的情结、最深的被压抑情绪、最迫切需要解决的问题。

（2）第二类是规定了内容的绘画。由治疗师指导求助者画什么，如Buck创建的HTP test（house、tree、person）法，即用三张纸画家、树、人，以此来判定求助者对家庭、亲情的态度和看法及对待自我成长的看法，并通过绘画后的自由联想了解求助者的心理。

（3）第三类介于二者之间，做一些指导，但并不规定具体画什么。主要是对未完成的绘画进行添补，治疗师最终的分析是根据求助者在给定的图画上做了什么性质的改动。通过绘画投射出的信息是灵活的、丰富的、开放的。但是后期治疗师的解释非常关键，所以对治疗师的专业知识与技能要求高。

绘画治疗的实施过程实际是求助者在治疗师的引导下进行思考—创作—回顾—比较—反思的过程，有助于求助者自己发现并解决自己的问题，真正的做到“助人自助”。

（四）宣泄疗法

宣泄疗法是最常用的心理治疗方法。基本原则是让求助者将心中积郁的苦闷或思想矛盾倾诉出来，以减轻或消除其心理压力，避免引起精神崩溃，并能较好地适应社会环境。交通事故后创伤求助者（特别是截肢、截瘫求助者）对未来家庭生活、自我价值和社会功能考虑得较多，援助者要善于疏导减压，引导求助者诉说内心的痛苦感受，认真倾听并给予理解、支持和关心，让求助者将不良情绪全部发泄出来，激发求助者勇敢面对现实，逐步提高其心理抵抗能力，以积极的心态挑战人生。常用的宣泄方法（图3-12）如下。

图3-12　积极的宣泄方法

①喊叫、涂鸦：喊叫，能在一定程度上起到发泄愤怒的作用。这样做不会伤害到他人，收到了发泄的效果。也可以采用涂鸦的方法，可以把导致不良情绪的人和交通

事故写或画在纸上，想怎样写画就怎样写画，毫不掩饰地写画，痛快淋漓地写画，写画完之后撕掉。在这个过程之中，情绪也会得到了良好的宣泄。

②摔打东西：摔打东西若用得适当也可看作是消减不良情绪的有效方法。求助者发泄情绪时，可以对那些替代物又打又骂，借此达到消气的作用。还可以通过扭毛巾、打枕头、捶沙发等，做一种运动量颇大的“减压消气操”，从而达到发泄的目的。

③深呼吸：人在焦虑时，心率及呼吸频率均加快，而缓慢的深呼吸有助于使人镇静下来。交通事故后幸存者可以进行深吸气、慢呼气，即长吁短叹进行放松宣泄。

④倾诉：交通事故后，幸存者应主动寻找那些能够给自己帮助并愿意倾听的人，将心中的委屈、压抑、担心、焦虑统统说出来。如果难以启齿就写下来。当然对心理学工作者进行倾诉是最好的。无论是哪种形式的宣泄，都应该适度合理。

⑤食物调节：通过饮食减轻自己的焦虑情绪，可以吃糙米、燕麦、蔬菜、牛奶、瘦肉等含维生素B的食物和洋葱、大蒜海鲜等含硒较多的食物，每天补充一粒维生素C。

⑥运动性宣泄：通过每天20分钟的散步或其他运动，也能减轻紧张情绪。昂首挺胸，加大步伐及双手摆动的走路姿势，或者跑步、打球、干体力活等剧烈的活动，都可以把体内积聚的“能量”释放出来，使郁积的怒气和不愉快的情绪得到发泄，从而改变消极的情绪状态。

⑦远离不良环境：情绪的产生都离不开环境。交通事故后，幸存者应尽量避免再次受到强烈的环境刺激，要学会情绪的积极转移。即通过自我疏导，从主观上改变刺激的意义，变不良情绪为积极情绪。另一方面可以通过客观治疗等，减少环境对人体心理和生理上的不良刺激，形成积极的暗示作用，排除消极的不良影响，达到治疗目的。

宣泄疗法的注意事项：实施宣泄疗法时，援助者要对求助者采取同情、关怀与十分耐心的态度，让他们畅所欲言而无所顾虑，援助者不可厌烦求助者讲得太啰嗦或重复，同时向他们承诺保守秘密。

三、专业性创伤心理干预技术

目前常用、有效的专业性创伤心理干预技术包括心理稳定化技术、创伤暴露技术及眼动脱敏再处理技术。因为这些专业性创伤心理干预技术不要求行业心理援助人员掌握，本书仅对心理稳定化技术和创伤暴露技术做简单的介绍。

（一）心理稳定化技术

心理稳定化技术工作的目的，首先是为了建立内在的稳定性，以远离内心世界的危险地带，这是能够面对创伤的基本条件；其次，尽力寻找内心的正性资源，增加自身的可控制感，增强自身应对创伤的能力；最终，为以后把创伤经历整合到新生活中打下扎实的基础。心理稳定化技术包括：放松技术、保险箱技术、安全岛技术、内在观察者技术及内在智者技术等。

1. 放松技术

在引导被援助者进行想象练习之前，首先应对被援助者进行放松诱导，通过运用放松技术，使被援助者能够保持一种身心完全放松的状态，从而更易于进入到想象练习之中。在使被援助者完全放松后，心理援助人员就可引领被援助者进行想象练习了。

2. 保险箱技术

在想象练习中，接着可以运用分离技术——保险箱练习，通过分离技术可以对创伤性的内容和不舒服的状态主动进行排挤，将其搁置在适当距离的某个地方。

3. 安全岛技术

在想象练习中，其次要运用的就是安抚技术——安全岛（或称安全地）练习。通过在内心世界构建一个内在的安全岛，远离内心世界的危险地带，从而建立起内在的稳定性。

4. 内在观察者技术（自我觉察训练）

进行自我内在觉察，有意识地观察自己，是一种非常强有力的拉开现实与创伤距离的技术。内在觉察的过程是寻找一种特定的感受和观念，而平时无法有意识地察觉到它。通过内在观察通常都可以获得一些特别的收获，有的消减了紧张焦虑，有的放下了期望，有的有了顿悟，有的获得了直觉和智慧，更普遍的是获得了身心某种程度的整合的感觉，变得更加丰富和广阔。也就是说，即使是有威胁的感受和观念也并不一定控制我们，通过我们的内在观察，最终我们自身控制了有威胁的感受和观念。

5. 内在智者技术

内在智者可以帮助被援助者在内心构建一种积极的力量，使人感觉有安全感。内在智者既可以是物，也可以是人。稳定化的技术在创伤治疗中所起的作用十分重要，无论怎样强调都不为过，且应贯穿治疗的始终。

通过保险箱、安全岛、内在观察者、内在智者等练习，可以增强被援助者的自我控制感，并与负性反应保持一定的距离，使其情绪保持稳定。对于复杂创伤的被援助者，在运用稳定化技术的过程中，需要稳定、稳定、再稳定，要小心翼翼地、渐进地使被援助者自我暴露，进而对其进行再加工。

（二）创伤暴露技术

创伤暴露疗法以情绪加工理论为基础，认为创伤后应激反应的发生源于人的记忆中有一个引起恐惧的网络，该网络能够引发逃跑、回避等行为。害怕结构由刺激、反应、意义三大基本部分组成，而任何与创伤相关的信息都能激活害怕结构。因此，成功治疗的关键就在于纠正害怕结构的成分。另外，要使害怕程度降低必须具备两个条件：一是激活害怕结构；二是提供新的信息。暴露治疗要求被援助者直面与创伤有关的信息，从而激活创伤性记忆，激活恐惧网络，进而使创伤记忆的刺激逐渐被习惯，求助者将不再产生恐惧。简言之，暴露疗法就是通过在治疗环境中，帮助求助者直面让他们感觉恐惧但事实上安全的刺激，这种刺激一直持续到被求助者习惯，使求助者的焦虑、恐惧减轻，从而减少逃跑和回避行为。

[案例]

一例大学生交通工具恐惧心理的咨询案例报告

何林姣　赵建新　李　青

【摘要】本文是一例大三女学生因一次交通事故而对乘坐交通工具产生恐惧心理的咨询案例报告。在咨询中，主要利用放松疗法、系统脱敏和合理情绪疗法，引导其接受自己在遇到这些恐惧刺激时的紧张焦虑情绪，采用小步子渐进方式让其换一种认知方式去理解并实际体验坐交通工具的感觉。经过六次的咨询，来访者恐惧感明显下降，睡眠质量有所改善，基本恢复正常的学习和生活状态。

【关键词】交通工具恐惧放松疗法系统脱敏 合理情绪疗法

1. 当事人基本信息

李某，女，21岁，文科类学院大三学生，独生子女，来自城镇。父母关系较好，与父母相处融洽。无家庭精神病史。

2. 心理问题发生的过程

主诉：我上学期十一假期里出了一场车祸，当时我叔叔的车和迎面来的中型货车撞到了，我的头撞到窗子边，一下子流了很多血，我当时就大叫起来。上次寒假我回家，在飞机出行的前几天，晚上睡不着，早上醒的很早，担心会出事。现在两辆车稍微挨近一点我就害怕。自从那件事情之后我发现自己考虑问题很周全，常会为小事纠结，这样让我很累。

3. 心理问题的处理过程

3.1 评估与诊断

3.1.1 心理状况评估

该来访者是因为应激刺激而产生了恐惧心理，有泛化，影响到生活；该刺激的消极影响持续时间达三个月以上，属于严重性心理问题。

3.1.2 该求助者出现上述问题的原因分析

(1) 家中独生子女；

(2) 出现应激性生活事件而产生恐惧心理；

(3) 性格内向、胆小、犹豫不决。

3.2 咨询目标的制定

具体和近期目标：降低对交通工具的恐惧，改善睡眠质量。

最终和远期目标：客观全面看待交通工具；学会宣泄自己的不良情绪，并恢复正常的学习和生活状态。

3.3 援助过程

咨询的主要方法：合理情绪疗法、系统脱敏。

合理情绪疗法在于向求助者解说合理情绪疗法的ABC理论，引导求助者指出事件A和结果C，使来访者对B进行分析，找出可以代替那些B的合理信念，认识到是自己将对交通工具危害性的恐惧程度夸大化了。

系统脱敏主要采用小步子渐进的方式：先让来访者试着回想之前的经历——用想象的方式进入现场——乘坐自己较能接受的交通工具——乘坐其他自己不太敢坐的交通工具——从对所有交通工具的恐惧中脱敏出来。

3.3.1 第一次

目的：了解求助者基本情况，建立信任感，确定咨询问题。

方法：会谈。

过程：

(1) 建立良好的咨询关系。

(2) 收集相关信息。

(3) 心理诊断：存在恐惧心理。

(4) 探询治疗动机：积极要求治疗。

(5) 鼓励来访者说出自己的问题和困惑，并做放松训练。

3.3.2 第二、三次

目的：充分宣泄，正确看待交通工具。

方法：会谈；初步系统脱敏；合理情绪疗法，布置咨询作业。

过程：首先，咨询师带着来访者在放松状态下回顾自己车祸后的一次印象深刻的出行，引导其认识到自己不是真的害怕飞机，而是受到周围环境的影响而产生的主观评价。

其次，咨询师总结：自己的想法受外界环境影响较大。

再次，咨询师提出问题让来访者思考如下问题。

(1) 我出车祸的几率有多大?

(2) 从上次的车祸中我看到了哪些积极因素?

最后，通过一系列的问题让来访者对交通工具有一个合理的认知，试图降低对交通工具的消极情绪。以下是问题的呈现：

(1) 交通工具对现代人的影响。

(2) 交通工具对自己的重要性。

(3) 对自己而言，会用到的交通工具有哪些。

(4) 这些车出车祸和人摔倒有什么共通性。

3.3.3　第四、五次

目的：识别不合理认知

方法：会谈；放松疗法；合理情绪疗法；布置咨询作业。

过程：首先，让来访者回顾自己在咨询之后的一些好的变化，运用放松疗法和合理情绪疗法让其认识到这些想法都是没有事实根据的；并且人出危险的概率很低，说明自己的这些想法没有必要。

其次，告知来访者当自己出现各种担忧时，可以找记录本记下自己的担忧，并提示来访者可以照如下这样写。

(1) 这种想法没有任何意义和价值。

(2) 坐飞机是一种自然现象。

(3) 想问题要想积极的方面。

(4) 用积极的思维模式来填充对某种事物产生的回避。

(5) 出游让我换一个地方，换一种心情。

再次，进行放松体验。

3.3.4　第六次

目的：了解目前状况，巩固咨询效果，结束咨询。

方法：会谈。

过程：

(1) 了解目前状况："我没想这些事了，我照着老师的建议去尝试一些交通工具，如去坐校园巴士，虽然有些担忧，但可忽略不计。我认为大家都坐，也没什么可怕的，我的想法太没有必要了。”

(2) 对咨询的结果进行回顾总结。回顾前五次咨询过程，咨访关系融洽，求助者积极配合，每次咨询结果都达到了咨询目标。

(3) 帮助巩固咨询所获得的成果。

对于本案例的咨询，成果在于，不仅使求助者明显改善了对交通工具恐惧心理，还使求助者学会运用合理认知的技术，学会在以后的学习、生活中多看到事物的积极面，提升自己战胜挫折的胆量和勇气。

4．心理援助的效果

4.1　自我评估：我现在不会去回避那些恐惧了，我试着尝试乘坐一些比如校园巴士和公交车等，不会那么害怕了；当我出现恐惧的心理时，我就写下来，作分析，这种方法很好，能改善我的一些紧张；我现在睡眠质量也有了很大的提升。

4.2　咨询师评估：从整个咨询过程来看，和来访者建立了一种相互信任的关系，不断运用放松疗法和合理情绪疗法以及部分时候用到系统脱敏的方法，让来访者改变之前的不合理认知和行为，并采用行为疗法让其学会用新的认知模式去尝试坐交通工具。咨询结束时，来访者睡眠基本恢复正常，饮食正常，恐惧情绪明显改善。

5．心理援助的经验

当代大学生存在的不安全心理类型较为广泛，对如校园食品安全、住宿安全、出行安全过于敏感，易产生恐惧、担忧、焦虑等不良情绪反应。因此，心理工作者在对大学生进行心理健康教育时，应该从各个方面来评估学生当前的心理变化，并给予切实有效的心理帮助。

本案例选自基金项目：云南省教育厅2011年科学研究基金项目“高校学分制下心理危机预防与援助研究”（课题编号：2011C156）

四、受影响人群的自我救助

（一）认识正常心理反应

经历重、特大交通事故之后，出现恐惧、担心、悲伤、愤怒等情绪反应都是正常的，大多数人并不能在第一时间保持绝对的“镇定和冷静”。因此，不应当刻板地要求别人和自己保持镇定和冷静。

当然，若能在情绪反应出现之后，调整心态，恢复镇定和冷静，则具有非常积极的作用，它可以帮助人们更加理性地思考和分析。

（二）避免不恰当的心理反应处理方式

心理危机的发生发展有它自身的规律，心理危机的处理是需要专业技巧的。如果用不恰当的方法来处理，可能会起到不良的效果。以下的几种处理方式就不利于心理危机的解决。

（1）“我得想办法，让自己别再这样下去。”——过于担心。因为自己有了某些心理反应，比如失眠、噩梦、强烈的惊恐和悲伤等，而误将其当作“病态”，从而刻意地去试图压抑，反而对自己没有好处。

（2）“我没事，我挺好的。”——隐藏感觉。更好的做法是试着把情绪讲出来，让周围的人一同分担。

（3）“别哭了，我们不要难过了。”——阻止亲友的情感表达。事实上，引导他们说出自己的痛苦，是帮助他们减轻痛苦的重要途径之一。

（4）“怎样才能把这件事忘掉？”——试图遗忘。其实伤痛的停留是正常的，更好的方式是与我们的朋友和家人一同去分担痛苦。

（三）心理自助的方法

面对惨烈交通事故的冲击，受影响人群的日常生活会被打破。在事故发生后，尽快让我们回复日常的生活状态是重要的。以下就是一些简便的方法让我们可以用来帮助自己。

（1）保证睡眠与休息，如果睡不好可以做一些放松和锻炼的活动。

（2）保证基本饮食，食物和营养是我们战胜疾病创伤和康复的保证。

（3）与家人和朋友聚在一起，有任何的需要，一定要向亲友及相关人员表达。

（4）不要隐藏感觉，试着把情绪说出来，并且让家人和朋友一同分担悲痛。

（5）不要因为不好意思或忌讳，而逃避和别人谈论自己的痛苦，要让别人有机会了解自己。

（6）不要阻止亲友对伤痛的诉说，让他们说出自己的痛苦，是帮助他们减轻痛苦的重要途径之一。

（7）不要勉强自己和他人去遗忘痛苦，伤痛会停留一段时间，是正常的现象，更好的方式是与我们的朋友和家人一起去分担痛苦。

（四）如何判断自己和家人必须去找心理咨询师或治疗师?

人们在经历严重的交通事故之后，通常都会出现一系列的诸如恐惧、悲伤、愤怒等正常的心理应激反应。但若体验到强烈的害怕、失助或恐惧，或者同时具有如下表现，严重影响了工作与生活，则可能需要寻求心理卫生专业工作人员的帮助。

（1）彻底麻木、没有情感反应、经常发呆，对现实有强烈的不真实感，对创伤事件部分或全部失去记忆。

（2）脑海中或者梦中持续出现灾难现场的画面，并且感到非常痛苦。

（3）回避跟灾难有关的话题、场所、活动，对生活造成了严重影响。

（4）经常出现难以入睡、注意力不集中、警觉过高以及过分的惊吓反应。

此外，若上述反应并不强烈，但持续时间长，也应当注意寻求专业人员的帮助。除了上述情况之外，有些人可能还会表现出其他心理问题，包括酗酒、性格改变等等，这些情况均应寻求心理卫生专业人员的帮助。

（5）自杀的想法或威胁。

（6）自残行为，如用刀切自己、用烟头烫自己。

（7）常常过度兴奋或爆发愤怒，以至破坏亲密关系或干扰正常工作。

（8）被虐待或虐待他人。

第五节　国内外心理危机援助的经验与实践

一、国外危机事件的心理应对策略

（一）美国危机事件的心理援助策略

美国是世界上危机管理最为发达的国家之一，其危机援助涉及的范围也较广。美国的心理危机援助不仅局限于传统意义上的自然灾害，同时也包括工业生产安全事故、交通事故以及工业和环境灾害等。当代美国的危机处理系统形成了以总统为核心，以国家安全委员会为决策中枢的领导机制，其灾害的救援资金相对充裕，技术设备较为先进。同时，美国的心理危机援助高度重视灾害救援人员的培训，培养了一大批具有较高专业素质的志愿者队伍。

经过了几十年的发展，美国的心理危机援助无论是在理论研究还是在具体的操作程序上都已经形成了一套较为成熟的体系，该体系具体包括了以下部分。

1. 心理危机援助系统

美国建立起了系统、完整的重大灾难心理危机援助系统，即美国灾难心理卫生服务（Disaster Mental Health Service），它是国家灾难医疗系统（NDMS）的服务项目之一。国家灾难医疗系统的主要功能包括紧急医疗服务、伤病员分类以及收容治疗等方面，而在这些环节中均有心理卫生专业人员参与。同时，美国也对参与心理危机干预的人员做了严格规定，如美国国立PTSD研究中心（1998）就指出灾难心理卫生工作者应具备5种个性特征：富有冒险精神、善于交际、冷静、整体把握能力以及对治疗的敏感。同时还指出灾难心理卫生工作者应具备四种技能：共情、诚恳、积极关注与倾听。

2. 心理危机援助的普及化和大众化

西方的心理援助具有悠久的传统，也得到了大部分人的认可。在美国，大多数人都把接受心理咨询看成是自信与富有的象征，大多数中产阶级都有自己的心理顾问。有人曾形容说：美国成功人士的臂膀是由两个人扶持的，一个是法律顾问，一个是心理顾问。因此，当他们遭遇危机事件的时候，一般都会首先求助于专业心理顾问。

3. 现场急性的应激援助

在美国，一般先由专业人员在现场对受害者进行应急性的心理援助，整个过程大概需要一个小时。而较为正式的应激援助通常在伤害事件发生的24 小时内进行，一般需要2～3小时，通常采用严重危机事件集体减压的方式来减轻各类事故引起的心理创伤，帮助受助者保持内心的稳定，从而促进个体的恢复。

4. 灾难后的综合心理应对策略

灾难后的综合心理应对策略是美国国立PTSD研究中心和退伍军人事务部推出的一种团体干预方法，旨在能够为灾难的幸存者、家庭、救助者以及相关的组织团体提供及时的、与灾后心理反应阶段相适应的心理卫生服务。

（二）新加坡心理危机援助的策略

新加坡的灾难心理卫生工作实践始于1986年“新世界酒店事件”后专业人员对幸存者的干预。在这之后，新加坡政府认识到开展灾难心理卫生服务的重要性以及灾难心理服务研究的必要性，因此于1994年由内务部和卫生部联合组建了国家应急行为管理系统，为灾难受害者提供相应的医疗和心理卫生服务。该系统由首席应急行为官（emergency behavior officer，EBO）领导，下设应急行为管理委员会，由卫生部等9个有关政府部门参与、支持，现已拥有1000多名经过严格专门训练的EBO。而这种适应其国情的多部门协调参与及集中服务模式，也在实践中证明是快速有效的。

在心理危机援助日渐成为应急救援领域的热门话题时，新加坡已经形成了一套较为成熟的心理危机援助系统，这就是新加坡的全国危机状况应对及关怀管理系统。它由民防部队、卫生部等政府部门及相关的私人机构组成，目前拥有关怀人员两千多名，主要任务是为危机人员提供心理上的协助并安慰伤者和家属们。

值得关注的是，新加坡的关怀系统考虑到了一个特殊的群体——援救人员，这些原本给予他人帮助的人，在面对生离死别、援救的压力以及恶劣的救援环境时，也需要有人关注他们的身心健康。因此，新加坡的心理危机援助在每次救援行动前会有一个针对拯救人员的简短（10～15分钟）讲解，告诉他们会面临什么样的情况、大众的压力和可能出现的危机（如暴力、食物和水的短缺等），继而通过观察他们的情绪是否稳定，来判断能否执行任务。在行动中，援救人员的反应也时刻受到关注，相关人员会通过观察他们的生理、认知、情感或行为反应，来判断他们所受的压力大小。一般来说，当援救人员压力反应明显（如疲劳、昏倒、呕吐、头晕、埋怨他人、无法集中精神、产生自责感、负罪感、抑郁、焦虑等或要求退出，不良行为增多）时，关怀人员便会积极介入。通过与其沟通，鼓励他们积极安排自己的时间，不断认识、了解自己的这种反应（救援情境下的正常反应），向信任的人倾诉等方式来缓解救援人员的压力。

二、我国危机事件心理援助的实践与经验

（一）对克拉玛依大火灾难人员的危机援助

我国最早的灾后心理援助研究及行动开始于1994年的克拉玛依大火之后。由于当时国内还没有形成对灾后人员进行心理援助的概念，因此具体的援助是在当地医生发现死难者家属和一些重伤员出现严重心理问题之后，由当时的石油部报请卫生部请求专业的心理医生进行现场援救。最终，由北京大学精神卫生研究所的相关专家与与烧伤科等相关医护人员共同组成了抢救组对伤亡者及其家属的心理问题进行了为期两个月的干预工作。通过这次干预活动，也积累了我国灾后危机干预的一些经验。

1. 伤亡者家属的心理特点

参与调查的家属在火灾24小时之内基本都亲眼目睹了大量死伤者的惨状，当证实自己孩子去世或受伤的消息后，家属表现出不同的反应：部分家属当时仍能坚持抢救并安排后事，大部分家属则表现出了或轻或重的心理急性反应。

（1）临床表现方面，如下。

①极度悲伤状态（图3–13）。表现为哭泣不止，不能参与丧事的料理，有自杀意念的产生等。

②话语增多。表现为哭泣的同时伴有语言增多，反复回顾与孩子有关的往事，言语和行动较为激烈等。

③木讷状态。表现为在听到噩耗以后长时间几乎无主动言语，对外界的刺激反应消失或减少等。

④意识模糊。主要表现为表情茫然，问话不答，事后完全不能回忆，对前去探视的人毫无反应等。

（2）情绪反应方面，具体如下。

①无助感。感觉前途渺茫，不知道没有孩子的生活该如何继续下去。

②罪恶感。为亲人的死感到难过，觉得没有人能够帮助自己，同时怨恨自己没有能力救回家人，甚至希望死的是自己。

图3–13　极度悲伤的状态

③愤怒。觉得上天对自己不公平。

④重复回忆。反复回忆孩子生前的一些事情。

⑤失望。期待奇迹出现，但却一次次失望。

2. 心理干预措施

针对灾难后伤亡家属的这些问题，心理危机干预人员对143名家属（女97名，男46名）进行了干预与治疗（其中49例为火灾后一周内的主动参与干预与治疗的家属，其余94例为火灾发生后的第3～5周内由干预人员主动进行干预、治疗的家属），其采取的主要措施如下。

（1）进行妥善安置，避免人员过度集中。

（2）耐心倾听，给予家属适当的理解与耐心，避免将看法强加在家属身上，尽力让家属能以平和的心态叙述灾难所带来的伤害。

（3）适当的情绪宣泄，让问题较严重的受难家属通过一定的途径进行宣泄，鼓励家属们通过各种方式释放伤痛。

（4）培训相关人群参与干预工作。通过对当地相关人员进行心理干预的培训，一方面既能够扩大心理援助的范围，另一方面也有利于维持当地心理重建工作的长期性、持续性。

（5）利用媒体广泛宣传基本的心理卫生知识，使当地群众了解一些简单的心理干预措施，以预防当地相关人员有可能由火灾所诱发的潜在心理危机。

（6）提供心理健康教育，帮助遇难者家属重新找回生活的希望。对他们进行重点心理建设，使其早日恢复正常生活。

（7）提供实质性的帮助，通过提供一些有实际意义的帮助让重点人群接受现实并帮助他们改变这种状况。

3. 干预的效果及评价

此次危机干预的对象主要是遇难者家属、幸存者和相关人员。心理专家通过开展心理干预活动，在很大程度上帮助他们宣泄了内心的悲伤，并从悲哀中逐渐解脱出来，从而能以比较平和的心态继续生活。此外，心理干预一定程度上也帮助调整了他们的生活习惯，使他们能适应新的环境，恢复心理的平衡。

此次危机干预也对一些干预手段和策略进行了验证，如我国著名心理专家吕秋云主要应用亚冬眠疗法、支持疗法和药物治疗对相关家属进行了治疗和干预，发现一些意识障碍病人在48小时内症状有所缓解；激越活动过多者在两周内逐渐安静下来。但也发现这些策略对极度悲伤者的治疗效果并不明显。

（二）“大连空难”后的心理危机干预

2002年5月7日晚，北方航空公司的MD82飞机在离机场不远的大连海上坠落，此次飞机失事造成103名乘客和9名机组成员全部遇难。在西安杨森公司的邀请下，由北京大学精神卫生研究所的吕秋云、汪向东、马弘带队，赴大连对遇难者家属和员工进行了心理救援。这也是我国相关机构第一次主动进行心理危机干预的范例。其主要经验如下。

具体的干预措施及步骤

（1）危机评定

在危机干预前，一般要对当事人的心理危机状况作出准确的评估，且这个评估贯穿于危机暴发到危机缓解，最后到解决的整个过程。针对本次空难，干预人员主要从以下四个方面进行了评定。

①情绪方面：遇难者的亲友表现出了高度的焦虑、抑郁和紧张，他们在经历丧失感的同时，也伴随愤怒、悲伤、烦恼等情绪。

②认知方面：大多数干预对象能够接受现实，认知与现实基本吻合。

③行为方面：多数遇难者的同事不能专心工作，也有严重的遇难者家属出现回避他人，拒绝他人帮助，甚至认为接受帮助是软弱无力的表现。

④躯体方面：部分当事人出现了失眠、头晕、食欲缺乏等各种不适症状。通过交谈或观察，干预者发现某些干预对象处于一种否定或不相信的情感状态之中。

（2）制定心理干预的目标

本次心理干预的目标是帮助遇难者家属或朋友恢复到正常状态，让这些丧失了亲人或朋友，遭受到重大打击的人员尽快恢复正常，恢复到灾难发生前的状态。因此，“5.7”空难后专家在大连和北京分别举行了三次团体心理干预，对个别严重者还实施了个别心理辅导。

（3）与当事人接触，迅速建立关系

在危机干预实施的早期，需要得到当事人的接纳。因此，干预者通过运用共情等心理咨询技术主动与当事人建立了关系，拉近了彼此的心理距离，快速消除陌生感。从而帮助遇难者家属或朋友敞开心扉，为后续的具体干预提供良好基础。

（4）干预的实施过程

①解释。具体策略是在具体实施干预前，告知遇难者亲属及朋友，度过危机需要他们的积极配合，需要他们和干预者共同努力才能解决问题，从而激发起他们共同参与的动机。之后，向当事人解释他们需要一定的时间来了解、接受创伤事件的含义，而且在这个过程中可能会面临各种困难等。此外，还要向当事人解释他们的大多数情感活动是对危机的正常反应，让当事人了解危机事件后会引起抑郁、焦虑等负面情绪。此时还要告诉他们：哭泣、悲伤、内疚等都是人在痛苦时很自然的情感表现，并不是软弱无知的表现，不需要也没有必要压抑、回避内心的真实感受。并且还要让他们意识到自己经历的某些痛苦体验，其他人也曾经或正在遭受，并非只有自己孤独地面对这些不幸。

②认真倾听，鼓励当事人进行充分的情绪宣泄。以下是当时进行的一次比较简短的会谈，时间大约为1小时左右。

［案例］

咨询片段

当事人（李某）：“我真不知道接下来的生活该怎么过，我的大脑一片空白。”

干预者：（握着李某的手）“我知道妈妈的突然离开对你是一个沉重的打击，我想让你知道，无论你想做什么我都会帮助你。我将与你一起，尽我所能帮助你。”

当事人：（沉默）

干预者：（仍然握着李某的手）

李某：“这绝不是真的，我不相信妈妈已经走了，这对我来说太突然了，我的整个世界都塌了，我不知道没有妈妈怎么活。”

干预者："面对母亲离开的事实，你感到极度害怕，你因此而不知所措，你不停地对自己说，你不能忍受，同时大脑里无法接受这个事实，认为那太可怕了，太糟糕了，不能面对这样的打击，你这样的应对方式只会把事情扩大化。当事情扩大后，让你感到无法逃避，你越想越糟。这是因为你注意到的只是自己的困难，也会因为夸大事态而扭曲了你的思维，我觉得你应该客观评价一下发生的一切。"

③鼓励当事人讨论目前感受。一个人承受痛苦就会感到更痛，但如果可以和其他人一同面对，就会分担彼此的痛苦，从而降低个体承受痛苦的程度。此次危机干预中的团体于预，就鼓励遇难者亲属或朋友说出自己内心的痛苦，把内心的困扰与大家共同分享，讨论自己目前出现的感受，从而帮助当事人在心理上建立支持感。

④积极引导，调节不良认知，帮助当事人理智的面对现实。在实施危机干预中，干预者也一直注意为当事人提供积极的支持和面对现实的机会。例如杨森公司总裁亲自陪着遇难者家属到大连去的时候，请家属参加由他们为亲属筹备的亚太地区精神卫生研究会，同时还参加了会后的公众放松活动。另外干预者还在大连设置了一个简单的小灵堂，举办了一些简单的祭祀活动。通过这些开放的方式，帮助遇难者亲友调节了不良认知，帮助他们意识到已经失去了，不能失去更多。与此同时，干预人员还向当事人解释都有哪些是消极的应对方式，比如告诉他们如果酗酒、自伤、自杀等是不正常的反应，并给幸存者和遇难者家属一定的指导，告诉他们如果能处理好有关的消极情绪，从与遇难者有关的痛苦阴影中走出来，怀念才更有意义。

（5）干预效果及评价。

在心理专家实施了干预后，许多人都已经能够把自己的不良感受说出来了，如否认、内疚、悲痛、生气。在团体干预结束的时候，通过彼此交流这段时间的感受，遇难者家属和朋友都了解到什么样的应对方式才是有益的，在面对这种打击和不幸，自己应该如何处理。通过团体干预，大部分人都学会了重新面对现实，并学会了以积极的方式消除内疚，改变不现实、不合理的想法。

三、心理危机干预在交通事故中的应用

（一）甘肃正宁县校车事故后的心理援助

2011年11月16日，甘肃省庆阳市正宁县榆林子镇下沟砖厂门口，一辆大翻斗运煤货车与正宁县榆林子小博士幼儿园接送学生的面包车相撞，致5人当场死亡，15人在送往医院抢救途中死亡。此次车祸还造成了车上的44人受伤，伤者多为幼儿园的儿童，

其中重伤12人，轻伤32人。事故发生后，甘肃省卫生厅厅长紧急召集专家召开会议，并制定了行动方案。同时，18日中午相应的心理医生也紧急赶赴正宁县医院，首先对住院的8 名孩子进行了心理评估，之后对部分患者（同一个病房的6名女性和2名男性）的身心异常反应情况做了初步了解。针对患者及家属的恐惧、焦虑、抑郁等情绪以及发呆、否认、退化等不良心理反应，心理医生马上采取行动，对相关的20名家属进行了心理评估并制定了相应的干预措施。通过采用眼动脱敏、暗示、宣泄、放松、催眠等技术，使家属们基本上放松下来，几天来基本上都没有睡过觉的伤者在心理医生的努力下终于安静地睡下了。之后，心理医生又对正宁县中医院的部分伤者和家属进行了心理危机干预。

此外，甘肃省妇联也组织了相应的心理疏导志愿者赶赴事故发生地正宁县，看望慰问在正宁县人民医院和县中医院住院治疗的受伤儿童，并为受伤儿童进行了心理疏导和抚慰，努力减少他们的身心痛苦。

（二）马鞍山9.11特大交通事故后的心理危机干预

2011年9月11下午3点左右，在宁芜高速马鞍山段向山出口附近，一辆大客车与一辆水泥槽罐车追尾相撞。事故造成了9人死亡，27人受伤。事故发生后政府部门迅速组织了相关人员奔赴现场，紧急处理对受伤人员的救援，并做好相应的善后工作。其中，心理援救人员也紧急赶赴事故所在地，对伤者和家属进行相应的心理危机干预。以下是心理援救人员对其中心理反应比较严重的伤者及家属的干预案例。

[案例]

咨询案例

王女士是这次事故的重大受害者之一。她18岁的儿子今年高考以优异的成绩考上了中国人民大学，此次车祸正是发生在送他去北京上学后回来的路上。在此次事故中，除了王女士自己受伤外，她的丈夫已不幸遇难，她的哥哥和嫂子也重伤住在医院，而哥哥至今仍然昏迷不醒。

带着对伤者的尊重和对职业的责任感，我们首先来到了王女士的病房。轻轻地推开病房的门，屋子里的人，目光一下子集中到我们身上。我们轻轻地放下包，来到了王女士的病床前轻轻地坐下。胳膊上吊着绷带的王女士脸颊浮肿、脸色蜡黄，在亲人的提醒下，慢慢地将脖子扭了过来。我们看到王女士的眼皮低垂，而悲痛已经让她四个夜晚无眠，四天里没有吃任何东西。肖老师轻轻地抚摸了一下她的肩膀，然后轻轻地问道："你今天比昨天好一些吗？"王女士微微地动了一下眼皮，又微微地点了一下头，话匣也渐渐地被打开。

在与王女士的进一步交流中，肖老师一直都是以极其缓慢的语速来进行的，我们也发现，王女士表现出了明显麻木（大脑空白状）和强烈的自罪感（王女士和丈夫感情深厚，她一直后悔自己要是坐在外面就能替丈夫去死）。

目前她的情绪症状已经具备了PTSD症候群第一阶段的全部症状：对灾难丧失了知觉、对事件不能回忆，整个人处于一种"失魂落魄"的掏空状。

在临床咨询过程中，王女士极力压抑着自己内心的悲伤。四天来，她一直是在压抑的状态下流泪。后来，在让她回忆爱人在过去的生活中对她的种种关爱之后，她的泪水终于如决堤的洪流汹涌而出，发出了一点声音。接下来，王女士的情绪稍微平静了一些。进一步的交流之后，王女士表示今天晚上要吃点东西，并且当着儿子的面吃，这实际上是一种对现实接纳的表现。因为拒绝吃饭是王女士对自己活着的惩罚，是一种放弃生命的表现。我们首先要做的就是让王女士对人生有所牵挂和眷念（或者是一种责任），让她意识到她18岁的儿子需要她。

咨询持续了一个小时左右，整个过程都是在一种小声和低缓的语速中进行的。王女士目前的精神状态还处于麻木期之中，3个月后，她的情绪可能会达到最糟糕的巅峰状态。因为目前她的家人、朋友和其他人员还陪在她的身边，但是三个月后，随着社会人际支持的减少，当生活又恢复到过往的节奏时，她的焦虑、悲伤、抑郁将会一股脑儿地表现出来。所以在与王女士告别时，我们对她说，如果当她需要我们帮助时，我们会随时给予她公益性地帮助，我们会一直陪伴在她的身边。

[案例]

走出车祸的阴霾

——认知疗法在事故创伤后应激障碍治疗中的应用

节选

本案例原作者为塔拉·格拉夫斯基（Tara E. Galovski），美国密苏里大学教授；巴切西·里斯科（PatrICl3 A. Resick），美国波士顿大学药学院教授。

交通事故在所有国家都很常见。虽然只有一部分交通事故会造成创伤后应激障碍，但因为在总人口中的发生率比较高，所以很多人相信它是创伤后应激障碍的主要原因。交通事故引发的创伤后应激障碍可能导致生活不能自理，因此这方面的研究也就具有特别意义。本文介绍了一则成功运用认知疗法治愈一名因交通事故导致创伤后应激障碍的货车驾驶员的案例。这一报告不仅分析了该案例的情况，同时也反映了交通事故带来创伤后应激障碍的总体情况。

一、认知疗法介绍

认知疗法（cognitive processing therapy，CPT）最初专门用于创伤后应激障碍人群。历史上，它曾被用于受性侵犯的女性人群。此后，诸多研究者开始将其运用于各式创伤人群，比如说老兵、人质以及被关押未成年人，但认知疗法尚未在交通事故人群中应用过。

CPT源自社会认知理论，该理论强调创伤对个人已有信仰体系的影响。创伤信息可能与个人信仰体系相悖，导致来访者无法调和两者或否定已有认识。随着创伤后应激障碍的进一步发展，来访者逐渐失去分析处理创伤事件的能力。治疗者使用苏格拉底式提问，帮助来访者辨认和摆脱非正常思维，逐渐形成更具对创伤适应性的思维。在最后五个疗程，CPT使用在前七个疗程获得的认知技巧，定义为广大的信仰体系，例如安全、信任、权力、尊严和亲情，这些都可能在创伤事中受损或改变。

CPT特别注意区分“自然情感”和“人为情感”。“自然情感”是指创伤发生时的自动情感（如恐惧、悲伤），“人为情感”则是伴随对事件的阐释而产生的情感（如罪恶感、羞耻感）。考虑到自责、一般生存罪恶感以及道路危险的高度认知，再加上行车避让的高度紧张感。该项疗法的宗旨就是要为此类人群的临床表现提供理论支持。本文以一名长途货车驾驶员为例，该驾驶员遭遇了一起卷入七辆汽车的交通事故。除了创伤后应激障碍，该驾驶员自事故之后不再驾驶汽车，社会心理遭受严重损伤。

二、案例简介

来访者M先生，63岁，白种人，男性，与妻子共处37年，育有四名子女。在事故发生前，他与家庭成员相处和睦。在治疗期间，他的家人相当支持，其中一人开车送他参加每一疗程治疗。来访者开长途货车已32年，其间曾为两家货车公司服务，为最近的公司服务已达13年。32年间，他的工作表现可谓模范，仅有两次小事故发生。调查后得知，这些小事故也不是他的过错，损失也不超过1000元。事故发生前，M先生打算再开17个月，然后接受公司的退休计划。事故发生在春季，大约四个月后M先生开始接受治疗。

M先生报告了他明显的创伤症状以及严重的驾驶焦虑和驾驶避让。来访者称他在晚间、雨中、高速公路、汽车事故现场、交通拥堵等环境下完全无法驾驶汽车，只能在他所在小镇的范围内驾驶。即使在这样的短途驾驶中，M先生也非常焦虑。因此除非万不得已，他决不开车。甚至仅仅当乘客，他也会有焦虑症状。他的妻子证实了他的报告，称他“紧靠着轿厢壁，紧紧地抓着车顶安全带。”另外，M先生报告了自己严重的社会心理损伤。他无法工作，不能看到任何和他的18轮大货车相似的东西（他的货车早已被拖回公司了）。他现在虽然享受一些残疾人福利，但比他的工作酬劳少多了，而且，他的退休计划已经完全无法执行。他感到重回工作无望，感到他的年龄和技能缺乏已使他无法在货车运输行业之外找到类似报酬的工作。

M先生描述了那起致使他前来求诊的汽车事故。时值晚春，他往东北地区开车运货南行，这个线路他在过去十年中已多次行驶。当时接近中午，大气多云，并不危险，高速公路上的交通状况相对比较清楚。午饭时候，他在休息区停车吃饭，之后又驾驶了约一个小时直至事故发生。M先生回忆道：看到一辆旅行车驶进北向车道，之后突然越过三角区进入了南行车道，直接朝他的18轮大货车冲过来。他使尽全力改变方向，但仍不能避开旅行车。旅行车冲过三角区，直接撞上了他的驾驶室。就在撞上的一刹那，M先生说他看到了旅行车驾驶员的眼睛。她是一个年轻的女孩(他后来得知她才16岁，刚刚拿到驾照)。旅行车上有七个乘客，女孩的父母、兄弟、妹妹以及家犬，只有妹妹得以幸存。事后调查报告显示，旅行年上大部分人都在睡觉，驾驶员很显然也在打盹。M先生感觉到，在他们眼神相交的一刹那，女孩已意识到自己刚刚睡着了而且车祸转瞬即来。相撞之后，M先生的货车瞬间不受控制，冲到了高速公路的三角带上。M先生感觉他的货车百分之百会冲到北行车道上，而且马上就会被撞到。他感觉时间突然慢了下来，想起货车驶进北行车道的每一个细节。

撞击发生后，M先生的货车失控，他感到100%恐惧（以0～100为范围，100=恐惧的最大可能程度）、100%绝望（以0～100为范围，100=绝望的最大可能程度）、存100%的危险中（以0～100为范围，100=危险的最大可能程度），以及100%肯定自己就快死亡。

这起汽车事故的发生没有药物或酒精作用原因，事故现场也没有罚单开出。M先生左臂有一些受伤，可能是由于大力扭转转向盘以控制货车。这些伤害是持久的，已导致他长期的痛苦，左臂也因此无法正常活动。在事故的整个过程中，M先生的头部没有受伤，意识也一直清醒。

三、治疗过程

1．评估方法

M先生接受了创伤门诊治疗。主治医生是一名女性上岗心理医生，具有7年的培训经历和从业经验，评估、治疗各式创伤来访者和亚人群包括老兵、汽车事故幸存者、受袭者以及“9·11”事件经历者。最初的评估包括半结构化面谈加上一些标准化措施。

(1) 结构化面试

PTSD临床诊断问卷用来评估暂时或终生创伤后应激障碍。根据创伤后应激障碍临床诊断问卷（The Clinician Administered Scale for PTSD，CAPS），进行30题的结构化临床面谈，专门评定DSM-Ⅳ鉴定的创伤后应激障碍症状、总体症状严重程度、症状改善以及社会和职业功能。

DSM-Ⅳ Axis Ⅰ疾患的结构化临床面谈病人版用以评估重度抑郁、恐慌症、药物及酒精相关精神障碍。M先生在交通事故后一个月内出现了重度抑郁症状。虽然在评估时仍有明显的重度抑郁残留症状，但已不符诊断标准。M先生称没有药物史或酒精史，也没有患过恐惧症。

(2) 纸笔式措施

使用“症状检测日记”跟踪来访者的创伤后应激障碍（PTSD）症状、行为逃避（工作行为、社交活动、性别交往、家庭活动）以及健康相关情况（特别是头痛、胃痛、排泄习惯改变或其他疼痛）。治疗期间，M先生被要求每天根据如下李克特式量表记录自己的程度：0=一点也不；1=轻度厌恶／每天1～2次；2=一般或持续的／每天3～4次；3=严重，非常强烈或坐立不安／每天5～8次；4=极其不安，影响各功能／每天8～12次；5=虚弱无力，各功能无法运作或继续。这则日记由前人研究改编，该研究表明日记对最终治疗效果有积极影响。

由于M先生也承认尚存某些抑郁症状，所以在正式治疗之前以及结束时，又使用了抑郁症量表法。

创伤后应激诊断量表（The Posttraumatic Stress Diagnostic Scale，PDS）在治疗初始疗程和最后疗程使用，以提供PTSD的具体症状。PDS是一种简单的监控和诊断手段，用以评估PTSD的存在和严重程度，是一个临床使用的自述量表，由四部分组成，共包含49项。

2．干预

该案例采用了认知疗法，尽管CPT已经在十二个疗程中使用，实验数据也显示出不同个体对该疗法的反应各不相同，其中一部分来访者不需要十二个疗程就可以达到最终实验效果。M先生的情况（图3-14）则是七个疗程（最初就诊加六个疗程）之后基本无症状。但与来访者核心信仰体系相关的工作表（安全，信任，权力/控制，自尊和亲情）在最后五个疗程中仍正常进行，其反映的信息在第七个疗程被反馈给来访者，治疗结束。

(1) 第一疗程

进行PTSD和抑郁症状的性质及其演化过程的心理教育，介绍PTSD发展过程的理论和相应的治疗计划。来访者的妻子参加了第1疗程的剩余部分，以更多地了解她丈夫的述说，事实证明她帮忙很大。在进行下一个疗程之前，M先生被要求写出“车祸报告”。这个任务主要是要来访者写出影响他正常的日常生活和信仰体系的创伤的严重程度。

(2) 第二疗程

M先生阅读他自己的车祸报告。该疗法的认知部分从鉴定他的“困点”开始，通过苏格拉底式问答，冲击他的认知扭曲。“我杀了她全家。那个幸存的小女孩永远没有机会了解她的家庭”的强烈想法出现，并被强烈冲击。这时开始使用监测表，来访者被要求记录每天和创伤有关的想法。

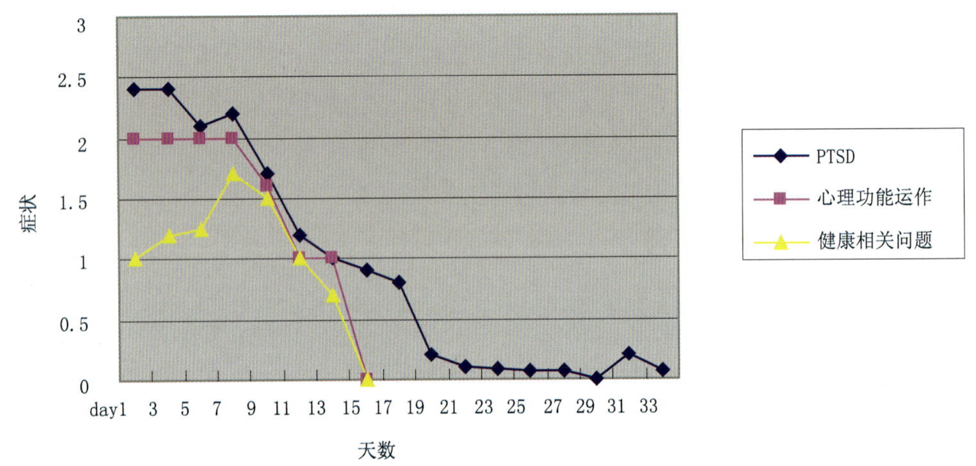

图3–14 来访者病情随治疗进程的进展（包括PTSD症状、心理功能运作（psysocfun）、健康相关问题（health），数据由每天的监测日记得来

(3) 第三疗程

M先生提交了他完成的监测表。他可以界定一些模糊想法，例如“都是我的错。要是我没有停车吃三明治，我就不会撞到这一家，他们现在就还在人间了。”继续使用苏格拉底式问答，冲击诸如此类的自述。来访者被要求继续使用认知疗法，并写下他对创伤的想法（暴露要素）。

(4) 第四疗程

来访者阅读他的想法，之后也一直在每两个疗程之间进行阅读。最初他的抑郁症状十分明显，但随着时间的推移逐渐减轻。阅读各疗程的想法他还是有些困难的，并且逐渐有些情绪化。虽然M先生在用正式问答表述自己思想上有一些困难，但对非正式的认知冲击却持续表现出巨大进步。布置给他的任务包括不间断的思维监测冲击，以及记录暴露疗法中的想法。他的心情明显明朗起来，到疗程结束时候他甚至已是兴高采烈的了。疗程结束后，他与妻子一起离开大楼，他主动说他想试试自己开车回去（大约30英里的高速公路车程）。

(5) 第五疗程

M先生因为汽车的问题没有做到每两周来一次。但在此期间，他能努力地完成好医生布置的家庭作业，主动报告说他曾陪一个货车驾驶员同事开18轮大货车整整一天（朋友开车）。这是那次事故之后五个月来他首次近距离接触这种交通工具。他自己也认为这是一个巨大进步，他决定回他的公司看看他自己的1 8轮货车残骸，他的认知扭曲程度已非常轻，从他的日记也很难看出这些症状。这阶段还讨论、鉴定了错误的思维模式。下一疗程安排了两周时间，如果他的情况持续好转，那么整个疗程将在下个疗程结束。

(6) 第六疗程

检查M先生的作业后，发现他的积极行为和上一疗程相一致，他表现出了明显的开朗心情，他的妻子也证实他确实有明显康复。M先生报告他曾开车载家人到临近州参加一场婚礼，在陌生的城市里开车他丝毫没有不适。他回过他的公司，在他的汽车残骸旁坐了一会儿，感觉很平静。疗程的最后一个月他没有做过噩梦（这和事故发生初每夜被噩梦困扰不能入睡的情况大有不同），也没有想起事故场景。检查他的作业后还发现他能成功鉴定一些残留的认知扭曲（“人们一定认为我疯了，因为我在那场事故后表现异常”），他很轻松地对付了这类想法，并代之以更加准确、稳定的想法（“我经历了一场很严重、很不一般的事件，那使我非常难过。尽管我对失去生命的那一家仍有不安，我当时已经尽我所能阻止那起事故的发生。因为这次事故的记忆，突然我会一直不安，但我一样能继续健康地生活下去”）。接着，简要阅读了七至十二疗程中的模块说明，并把该说明给了M先生，还有额外的认知治疗工作表，至此治疗结束。

需要指出的是，来访者在第七疗程之前已没有什么症状。对此来访者曾经的PTSD严重程度，他的确在相对很短的时间内明显恢复。这么短时间的恢复是史无前例的，但大多数精神病学文献也承认恢复情况因人而异。如果该来访者继续表现出任何等级的PTSD症状，治疗就得继续下去。根据CPT的规定，8～12疗程主要针对大型和短时间创伤后功能和信仰系统紊乱，这些包括信仰体系相关度失真思维，如人身安全、自尊、权力和控制欲、亲密度以及信任度。

四、案例点评

这则案例描述了认知疗法应用于鲜有研究的汽车事故创伤人群的例子。

认知疗法的治疗者持有不同的理论，应用不同的技术方法，但他们的共同点都强调认知过程是作为心理行为的决定因素这一根本观点，认为情绪和行为的产生都依赖于个体对环境情况所做的评价，而此种评价又受个人信念、假设观念等认知因素的作用和影响。因此，认知治疗的目的不仅仅是针对行为、情绪的外在表现，而且还要分析病人的现实思维活动，找出非理性的认知并加以纠正。但认知治疗并不忽视情绪和行为，而是强调治疗者应善于引导来访者的情感，同时注意来访者的行为模式及行为改变方式。

认知治疗包括几个渐进的程序。首先，治疗者要向来访者说明一个人的看法与态度是如何影响其心情及行为的。其次，帮助来访者去探讨他所持有的对己、对人以及对四周环境的看法，从中发觉跟来访者主诉的问题有密切关系的一些“看法”或“态度”，并协助来访者去检讨这些看法或态度与一般现实的差距，指出其错误认知的非功能性与病态性。最后，督促来访者去练习更换这些看法或态度，重建功能性的、健康的看法和态度，以便借此新的看法或态度来产生健康的心理与适应性行为。

认知疗法有很多技术，特别是其暴露技术提供了一个让来访者经受创伤情感的媒介。只要掌握了书面暴露，来访者的恐惧就会大幅降低，并会自发地更多地参与现场暴露练习。本案例中的来访者在书面暴露后能去高速公路驾驶、去看出事故货车的残骸、短途乘坐同事18轮大货车，他甚至能够开车载他的家人出城参加婚礼，报告他与家人曾经拥有的亲密感又回来了，这证明他的症状有很大改善。

认知疗法的认知要素训练专门针对扭曲的思维，即事故后的罪恶感。而使用苏格拉底式问答冲击那些思维非常有效，可以减轻病痛，使来访者能够回到正常的功能运作上来。来访者在创伤后4个月开始该疗法，及时的治疗可能阻止他思维的扭曲（过度适应，扰乱核心信仰体系），而多年建立起来的核心信仰体系也可能防止他受此侵扰。

长途货车驾驶员（还包括其他一些职业，如军人、应急者、警察）一般不愿承认精神疾病而去求医。但与职业相关的精神病理症状（如PTSD）的存在严重影响了他们的正常工作，一旦老板知道了他们的精神疾患程度，他们的工作就不一定保得住。本文描述了这种情况中的个体治疗成功案例，让来访者能重新行使正常的职业功能，特别是鉴于这个创伤的严重特性，加上PTSD、抑郁、分裂的严重程度，来访者的实际反应非常好，进入治疗的状态也很快，这么良好的反应可能也与他事故之前比较“清白”的创伤和精神史有关。

这则案例中，来访者“心理单纯”，即他从来没有接受过这种治疗方法，也没有罹患过任何精神疾病，因此，整个治疗环境和基础设定，如信任生人对他来说都是未知的，检查创伤后思维和感觉的认知疗法也不为他所知，这些因素可能促进了该来访者迅速进入治疗状态和顺利恢复。在治疗初期，该来访者是带着忧虑心情参加的。但治疗开始后，他发现对他的PTSD和相关治疗原理的理论解释非常具有说服力、令人信服。接着，他发现干预治疗非常有效。因此，认知疗法对该来访者十分适用，并可以考虑将其用于背景职业相似的来访者。

总而言之，原来测试受性侵犯人群的认知疗法确实对一个严重的汽车事故PTSD来访者同样适用，它进一步展现了该干预的有效性，若能以世界范围内的汽车事故为案例，该领域的研究前景将非常广阔。

第四章 道路交通事故团体心理援助

人是一种社会性的动物，人的本质是社会人。我们每个人，都是在家庭、学校、社会等各级团体中学习、体验，并成为团体的一员。危机事件之所以会造成心灵上的创伤，就是因为它伤害或威胁到受害人及其家庭或其他相关的团体，破坏了受害人的社会支持系统。一颗受伤的心，如果能得到更多人的共情、理解和支持，就能从团体中吸取能量，从而变得更加强大。

图4-1　从团体中吸取能量

近年来，团体心理辅导和干预在灾害心理援助工作中已广泛使用。在几起造成群死群伤的特大交通事故的心理援助工作中，也做了一些有益的尝试，并取得了良好的效果。与自然灾害相比，交通事故具有个别性，事故的受害者会觉得自己比周围的人更悲惨，如果得不到社会的支持和别人的理解，内心会更加孤独。团体心理辅导为咨询师和求助者搭建了一个安全沟通的平台，让一群原来并不熟悉但都经历了类似创伤的人围坐在一起，探讨各自内心的各种疑惑及不满，与其他人分享体会、给予意见或提供帮助。在咨询师的引导下，经历过创伤的人们可以相互学习、相互支持，一起接受丧失、放下创伤、走出阴影、走向未来，相互陪伴着走过这一段艰难路程，直到逐步恢复正常的社会功能。在这一章里，介绍了团体心理辅导与干预的基本理论；团体心理辅导的基本步骤与过程；团体心理干预的模式；团体心理辅导和团体心理干预的参考方案。

第一节 团体心理辅导与干预基础理论

一、团体心理辅导的概念和作用

（一）团体心理辅导的概念

团体心理辅导是相对一对一的个体心理辅导而言的。它是一种在团体情境下，提供心理援助与指导的咨询形式，通常由一到两名咨询师主持，一般称为团体领导者；设助手一名，协助团体领导者开展活动。领导者根据团体成员的相似性组成团体，规模因参与团体的成员多少而不同，少的3~5人，多则十几人，几十人。领导者通过商讨、训练、引导等形式解决成员相似的心理困惑；个体通过观察、体验，学习新的生活态度和行为方式，达到提升自身心理素质的目的。

（二）团体心理辅导的作用

1. 在团体中进行情绪的宣泄

团体有助于成员情绪或想法有建设性的宣泄，使其在此过程中整理自己的困扰所在，自谋解决之道。或接受其他成员的建议，帮助自己从困境中脱身。

2. 建立支持系统

由于团体成员有着共同的创伤体验，因此，在辅导的过程中，团体成员容易找到归属感，进而愿意相互依赖、接纳。

3. 成员间的相互学习

成员间不仅可以交换认识上的经验，还可以从中观察并模仿别人的一举一动，当团体成员看到其他成员受到相似遭遇的困扰，而对方在团体内能够凭借自身的力量站起来时，这对所有成员均有正向的鼓励作用，团体成员可以在榜样的示范下进行模仿学习。

4. 产生正性体验

参加团体辅导活动成员可以体会到相互关心、相互帮助、团结一致的正性情感体验。在这个过程中，还可以发现自己对他人的重要性，发现自我价值及提升自我价值的意义，补偿因事故造成的亲密关系的丧失，从而重建自己的安全系统。

5. 重复与校正

在有经验的领导者的保护下，让成员去重复面对经历过的心理创伤情景，逐渐释放创伤压力，建立正确的自我评价，去除心理负疚与自责负担，用积极的态度来面对生活。

6. 发现需要个别干预的对象

根据前期团体心理辅导中成员的参与表现，能对团体成员的心理创伤状况进行评估。对个别心理创伤较严重的成员，应进行长期的心理干预，以利于后续工作的进一步开展。

二、团体心理干预

（一）团体心理干预的概念

团体心理干预是一种为了某些共同的目的将成员集中起来进行心理治疗的方法，它是一种相对于一对一个别心理治疗形式而言的治疗形式。它是在团体情境下提供心理援助与指导的干预形式，干预者根据团体成员的相似性组成团体，通过商讨、训练和引导等形式解决成员比较相似的心理问题，个体在团体内的人际交往中进行观察、学习和体验，认识自我、分析自我、接纳自我，改善和调整人际关系，进而学习新的态度与行为方式，增进适应能力，预防或解决问题并激发个体潜能，从而发展良好的生活适应。

美国内科医生普瑞特（Joseph Pratt）是人们公认的团体心理辅导与治疗之父。他于1905年组织了一个由20多位肺病患者组成的治疗小组，采用讲课、讨论、现身说法等形式开展集体心理治疗，取得了意想不到的辅助疗效。其方法也被称为“情感再教育和劝导”。

团体心理治疗的目的并非只是为了时间经济，而主要是利用由众人形成的社会情境和团体成员之间的互动、互知互信增进咨询和治疗效果。团体咨询和治疗的优越性在于咨询和治疗团体作为一个社会的缩影，为那些在现实生活中受到挫折、压抑的成员提供了一个宽松的人际环境。在这个理解和支持的氛围中，参与者愿意尝试各种选择性的行为，探索自己与其他人相处的方式，学习有效的社会技巧，团体成员之间能讨论他们彼此之间的相互察觉，并获得其他成员在团体中对其察觉的反馈，使之经由别人的观点来审视自己。一个人在团体里面的关系会呈现出他与外在社会的人际模式。在团体里通过团体治疗独特的疗效因子修复了跟他人之间的关系模式，也就修复了他与外在社会的关系模式。团体咨询和治疗可以设计用来满足各种特殊群体的需要，是当代发展最快的心理咨询和治疗的形式之一。实践证明，团体心理治疗是一种经济、简捷、高效的方式，很适合危机后的心理干预形式。

（二）团体心理干预的作用与功能

1. 团体成员在倾诉中获得情绪宣泄

团体治疗的功能之一，就是制造被保护的环境，参与者可以通过倾诉获得关心和安慰。在危机事件后的团体心理干预中，干预者会鼓励小组成员说出自己的困惑和痛苦。在治疗过程中，他们可能将许多无奈、压抑、痛苦、坎坷，曲折的人生经历和心路历程完全倾吐、无所不谈，而在情绪宣泄的同时，也获得了他人的认同。领导者和团体成员对宣泄者的言行不进行任何评论和斥责，始终保持较好的人际氛围。在团体的环境中，大家有着几乎相近的创伤，进而使团体成员更加信任彼此，关心彼此，从中感受着彼此支持带来的温暖。在危机事件发生的早期，团体成员进行情感宣泄时经常会采用哭泣、倾诉等方式表达自己的创伤，如果在团体中，成员能够比较坦然地表达出自己的情绪，尤其是负性情绪，就会降低其创伤程度，同时能够挖掘其自我潜能，去面对和解决自己的问题。而且在团体中，如果成员能够在正确的引导下，进行合理、有效的情绪宣泄，不断清楚自己的问题所在，那么在团体成员的帮助下和自己的努力下，其问题将会得到有效解决。

情绪宣泄有以下几个方面：①学习怎样表达情绪；②产生不让坏情绪积压内心的想法；③向团体成员表达自己的情绪；④向领导者表达自己的情绪：⑤说出自己的苦恼和困惑。在团体干预中，当成员宣泄负性情绪，出现悲痛、哭泣等激动行为时，领导者要与成员共情，要与成员共流泪，并通过拍肩，握手等行为进行安慰，担当其“家长”的角色。

2. 使团体成员获得相互支持与理解

心理治疗学家强调人类行为的社会相互作用。团体活动的情景比较接近日常生活与现实状况，以此处理情绪困扰与心理偏差行为容易收到效果。在团体中个人的问题或困扰可以借助一般化作用而勇敢面对，借助澄清与回馈获得了解，借助净化作用与洞察获得化解。刚刚进入团体治疗的成员往往会忧心忡忡，会感到孤苦伶仃，心情无所依托，他们往往把责任归咎于自己，或以为只有自己一人有此遭遇，因而加重心理负担。而在团体治疗里，经过互相交换经验，很容易发现他人也经历过类似的事情，也有相似的自卑感和负疚感，经由这种共同性的发现而获得解脱。当他们看到别人在用相同的语言叙述同样的感受时，忽然间，便会觉得自己产生了归属感。有许多第一次参加团体治疗的成员会说：“原来有这么多人和我一样痛着，特别是看到情况已经得到改善的前辈时，我相信我也能勇敢地面对了。”在团体中，当成员看到其他成员有相同的遭遇，而凭借自己的力量站起来时，所有的成员都会受到鼓舞，进而获得解决问题的决心。另外，在团体中每一个成员都与其他成员建立了新的良好的人际关系，并且具有比较亲密的关系，他们享受成员之间的亲密感，对团体和其他成员更加信任，学会了关心其他成员和接近他人。随着团体干预的进行，成员会出现愿意关心他人，支持他人，与别人愿意分享，开始感受到自己存在的价值，自我效能感不断提高。

3. 使团体成员在指导中学习知识

团体活动的情景比较接近日常生活与现实状况，以此处理情绪困扰与心理偏差行为容易收到效果。团体心理辅导的过程是一个借助于成员之间的互动而获得自我发展的学习过程。治疗师会通过指导为成员提供一个相互学习的氛围，传递成员间的相互信任和关心，使他们在各个方面学到很多，如了解疾病的发生、发展过程、症状，如何面对，如何处理好人际关系以及团体心理干预的过程和意义等。团体成员不仅可以交换认知的经验，还可以直接观察和模仿别人的行为举止。

4. 使团体成员在团体凝聚力中感受温暖，重拾信心

成功的团体心理干预会产生团员间强烈的凝聚力（图4-2）。成员们在小组中会感觉到被别人接受与关心，共同面对问题而感到放心，有归属感，感受到团体的价值和自己的价值，以及被其他成员无条件地接受与支持。团体心理干预可以改善成员不成熟的偏差态度与行为，促进其良好的心理发展，培养其健全的人格。在治疗过程中，一旦了解团体心理干预的疗效，小组成员就会对自己的康复建立希望。通过与志愿者的交谈，他们可以获得许多痊愈的信息，同时会建立信念，认为自己会与其他康复的伙伴一样，找回生活的勇气与力量。进而产生摆脱困境或解决问题的信心，对未来产生希望。曾有一位组员这样说：“看到其他人的改善对我来讲就是一份鼓励和期待。”

图 4-2　成功的团体心理干预会产生团员间强烈的凝聚力

5. 使团体成员在利他行为中发现自身被忽视掉的价值

小组成员不仅从相互给予到接受的过程中受惠，也从给予的行为本身有所获益。有的成员长期以来一直会认为自己是一个包袱，当他发现自己对别人很重要时，就会振作并感受到自尊，“原来我还是重要的，我不可以放弃”。

6. 使团体成员学习新的适应行为，建立理性认知

团体心理干预过程中，成员不断认识到生命的价值意义，以及生命的有限性和无限性。突发危机事件可能使一些生命逝去，这的确存在不合理和不公平。所以人们不需要回避生老病死的问题。同时人们也会发现人的确会出现孤独感，但这不是不能忍受的事，可能反而会激发个体积极地迎接生活的挑战，更加珍惜当下的感受和经验。在团体中，成员领悟了人生的意义，不再对现实进行逃避，更加有责任感。

建立理性认知主要包括：

（1）承认生活有时不顺利不公平；

（2）承认没人能够摆脱痛苦和死亡；

（3）承认无论跟多亲密的人在一起，我也要独自地面对生活；

（4）生死问题让生活更加真实；

（5）不管别人怎样帮助，还得自己对生命负责。

团体的人际环境中，成员之间有意无意地进行相互影响。社会学习理论认为，观察、模仿和学习是很自然的，成员在这样的过程中，学习到了其他成员的观点、行为和态度，甚至认同某些成员而建立起新的行为方式。也就是说，在团体干预中，有助于成员进行模仿学习。他们会向那些在团体中适应较好的成员学习，会学习团体成员的不同风格，还会把某些成员当成自己的榜样，尊敬并模仿团体领导者。

7. 在团体中发现需要进行个体干预的对象

在团体干预中，根据成员的参与和表现，可以评估成员的心理创伤状况，对一些创伤较重的成员，就要对其进行个别心理干预，必要时转介到专业的治疗机构，才能有利于其心理功能的恢复。

三、团体心理辅导与干预的区别与联系

（一）团体心理辅导与干预的区别

团体心理辅导与干预在形式上都是对有类似创伤经历或心理问题的人进行团体心理援助，但二者是属性相同，程度不同的两个概念，干预相对于辅导而言，对团体具有更强的影响作用。心理辅导一般针对心理正常，或是经历了创伤，承受着心理压

力，存在一般心理问题的团体，需要由专业的心理工作者指导；而心理干预主要是针对有严重心理危机或心理疾病的群体，需要由专业心理治疗师领导。因为两者都是团体的心理援助活动，它们有一些共同的原则和局限性。

（二）心理辅导与干预的共同原则

1. 保密原则

遵循保密原则，是进行团体心理辅导与干预最基本的原则。在团体中，每个成员都是互相信任的，因而可能会暴露出不被其他人知道的隐私。而领导者或其他成员如果议论隐私的话，可能会给成员带来很严重的影响，影响治疗效果。但保密并不是绝对的，当成员的隐私确实涉及治疗的问题，可通知有关人员，并向其说明是为了更好地保护当事人的利益。

2. 真诚原则

团体心理干预的基本任务是助人与自助，成员都需要真诚地面对自己及他人，只有这样才能有更多的收获。因此在活动中，领导者要引导大家都能真实地说出自己的想法和感受。

3. 尊重原则

在团体中，每个成员都有发表自己看法的权利，成员间要彼此尊重，建立安全的心理氛围。在其他人发表看法的时候，认真倾听，可以不同意他人的说法，但是不轻易打断或攻击。

4. 民主原则

在团体活动中，每个活动或规则都要根据成员而定，并不是领导者单独决定的，领导者要尊重成员的意见，可随时调整活动方案，并且领导者说教过多会影响成员的积极性。

（三）团体辅导与干预的局限性

1. 可能出现负性动力

在团体心理干预中，如果出现了控制性很强的成员，他们会对其他成员形成很强烈的影响，严重的话可能会导致这个团体破裂。

2. 范围相对狭窄

团体心理干预并不一定适合每个人。尤其在危机事件中，由于个体的差异，每个人应对危机事件的能力不同，从而导致危机事件对个体的影响不同，在这种情况下，可能会导致情况较轻的成员受到影响，进而使得每个成员都难以获得好处，妨

碍团体的发展。

3. 成员的照顾难以周全

在团体中，领导者会尽量将时间与精力平均分配到每个成员身上，但可能会对一些积极表达的成员关注多些，积极成员的收获就会大一些，而那些被动的成员经干预后所获得的效果可能不是很明显。由于领导者未能及时关注，可能会导致在团体中成员因自我暴露而带来更多伤害。

四、危机团体领导者的策略与常用技术

（一）危机团体领导者的策略

1. 关注

关注是团体领导者对成员无条件的接纳与关怀，尊重成员的人格，以爱心、耐心和诚恳、亲切的态度与成员建立良好的信任关系。

2. 反馈

反馈是指领导者作为成员的一面“镜子”，引导成员自我探索，以达到自我了解的目的。领导者首先要认真聆听，回应时须表现出共情，熟练运用尊重、温暖、坦诚、具体、表达、面质等技巧。

3. 认知改变

对于那些由于认知问题而导致行为偏差或情绪困扰的成员，使用认知改变策略，可以恢复其合理的思维方式。例如，在面对灾后群众的自责、自罪、内疚等非理性的认知时，团体领导者可以使用教导、暗示、说服等方法，消除成员的非理性认知，从而改变其情绪和行为。

4. 示范作用

在团体中，团体领导者本身就是成员学习的榜样，领导者要时刻注意自己的言行，应做到平等、公正、热情、亲切、尊重，自觉地为成员提供行为示范。

5. 自我管理

心理援助的最终目标是“助人、自助”。在心理援助的过程中，要激发成员自我改变的动机，引导他们主动参与团体，学习自我观察、自我察觉、自我控制、自我评价，增强自我指导，并获得更好的自我管理能力来解决自己的问题。

（二）团体心理辅导与干预的常用技术

在团体辅导开始前，应该确保团体领导者接受过专业训练，熟练掌握各种团体辅

导技术。使用各种干预技术的目的是通过这些技术的使用可以探索成员个人的感受，引发成员之间的讨论，从而达成团体目标。团体辅导中既有个体辅导技术也有团体所特有的技术。而团体辅导的成功与否与团体中成员的互动情况有直接关系。团体辅导的基本技术有以下几种。

1. 倾听

倾听干预最重要的技术。倾听更重要的含义是需要领导者用心去倾听成员的感受，是为了让成员有被重视的感觉，促进团体发展。

2. 重复

重复并不是领导者简单的重复成员所陈述的感受，而要通过重复来深层次挖掘成员所要表达的意思，帮助成员理清思路，更清楚自己的感受。

3. 提问

为了解信息，领导者可通过提问的形式来促进成员更清楚的表述，提问的形式以开放式提问为好。

4. 共情

在遭遇了危机事件后，当事人心理可能会比较脆弱，而当他们在团体活动中讲述自己的经历以及感受时，领导者要做到共情，使成员感觉受到支持。共情可通过语言、动作或眼神，让成员有温暖感。通过共情鼓励成员进一步自我暴露。

5. 自我暴露

在某些特定的情况下，领导者的自我暴露可以让团体成员产生信赖感，但需要注意的是自我暴露的内容需要与活动主题相关，并且注意成员听到领导者自我暴露后的反应，要注意拿捏好尺度，避免暴露过多或过少，使暴露失去意义。

6. 支持

领导者的支持对于团体成员来说是十分重要的，领导者的支持与鼓励有助于提高团体成员的自信心，增强团体凝聚力。

7. 总结

在团体每次完成活动时，领导者都要概括一下本次活动对大家的积极影响，使这种正面的引导得以强化。

五、团体心理辅导与干预的类型

对曾经经历创伤事件的人的团体治疗类型有两种，一种是短期的预防治疗，主要用于那些急性悲伤障碍患者。通常被看成“分享与回馈团体”，其成员主要包括一般性创伤事件幸存者；另一种团体治疗时间较长，主要是对在不同时间、不同情境下但有着相同创伤经历的特定团体的治疗，一般称为支持性团体。

危机事件发生后，我们经常运用的团体心理干预类型有：

（一）教育发展型危机辅导团体

教育发展型团体心理干预是应用最为广泛的团体心理干预形式，主要目的是通过团体成员的主动参与，表达自己，从而找到大家共同的兴趣与目标，把干预的重点放在自我成长、自我完善上面。教育发展型危机干预团体在危机事件发生，基本生活安定下来后可以开展活动，团体成员是那些虽然经历了危机事件，但仍是正常的、健康的，无明显心理冲突，基本能适应环境的人。他们前来参与团体心理辅导的目的是为了更好地认识自己，扬长避短，充分发挥潜能，提高学习、工作与生活质量，提高自己的人际交往能力，改善人际关系。如询问自己的气质类型、个性特点，探讨提高工作、学习效率的最佳方法，请教怎样获得更多的朋友，商讨选择什么职业更符合自己的发展，讨论怎样才能进一步提高自己的综合素质，迈向自我完善，发挥潜能的境界等等。心理干预所着重的是人际关系技巧的培养，强调通过团体情境中的行为来帮助成员学习新的行为，改变不适应的习惯行为，并通过练习使新行为得到巩固。团体为成员们提供了一个空间与平台，通过团体干预每个阶段中成员互动的方式，团体成员相互体验，学习对自己对他人，对团体的理解和洞察，引导成员观察改进自己的不良行为，找到适当的行为方式，并掌握处理复杂人际关系的技能。化悲痛为力量，化危机为动力。

教育型团体心理干预主要是在团体中，领导者通过心理健康教育帮助成员把危机中的应激反应正常化，正确认识危机后的心理反应，并指导成员理性看待危机带来的各种损失，增强个人的控制感和自我效能感，在团体中获得关心和支持。如“我的情绪我管理”团体辅导，团体领导者在活动中帮助成员识别哪些是积极情绪，哪些是消极情绪，持续消极情绪的害处有哪些，应该如何化解消极情绪，如何进行宣泄和放松训练，让成员们彼此交流改善情绪和放松训练的方法。

教育型团体干预中，领导者要为成员提供不同主题的活动信息，在活动开展过程中，要从团体成员处不断获得反馈和评价，领导者要承担教育者的任务和引导成员进行讨论的任务。教育型团体的时间不固定，可长可短，一般时间控制在2～3小时，也有达到8小时的，次数一般为一次。教育型团体干预一般放在危机过后人们的最基本生活得以保证后开展，通过团体活动可以帮助人们渡过危机后的急性痛苦期。

（二）支持调适型危机辅导团体

支持调适型危机干预团体是通过心理教育帮助团体成员把危机状态下的应激反应正常化，学会接受危机带来的困扰，增强个人的控制感，获得团体的关心和支持。求助者也是基本健康的，但在危机事件后有各种烦恼，有明显心理矛盾和冲突。他们前来参加团体心理辅导的目的是排除心理困扰，减轻心理压力，增强适应能力。对于危机事件后的救援人员、志愿者、前方记者来说每天身处危机事件发生的第一线身心俱疲；有些远离危机事件现场，但通过大众传媒时刻关注危机事件的普通民众等都会产生一些替代性心理问题。对他们进行交流谈心和经验分享或有专门的心理工作者对其进行心理疏导，也属于支持调适型团体心理干预。如“危机后缓解紧张情绪”的团体辅导，团体领导者的职责是提供关于如何放松情绪的行为和认知训练，使团体成员掌握有效的放松方法和技巧。“充盈生命的能量，做生命的热爱者”的团体辅导，通过团体活动感受生命的成长，促进生命能量的充盈，以包容和接纳的良好心态去面对和处理生命成长中可能出现的各种困惑和问题，积极应对生活中的问题。

（三）治疗型危机干预团体

治疗型团体心理辅导是指通过团体特有的治疗因素，如团体所提供的支持、关心、情感宣泄等，改变成员的认知方式、行为模式和人格结构，使他们达到心理康复的功能。治疗对象包括交通事故的居丧者、伤病员的家属、救援工作者。目的是缓解他们丧失亲友、丧失财产的痛苦，幸存者的自责，替代性创伤等。

来访求助者是因危机事件而导致了某些心理疾病，如神经症、人格障碍、适应障碍等。这些心理障碍已经影响了他们正常的学习、工作和生活，使他们苦不堪言，极少数人甚至表现出自杀意念和行为。他们前来咨询的目的是想通过系统的心理治疗克服心理障碍，恢复心理健康。治疗型团体一般持续的时间较长，所处理的问题也较复杂，因此，对团体领导者的要求要比其他类型的团体心理辅导更专业、更严格。

针对危机事件一年之后仍然不能从丧失亲人的痛苦中走出来，并已经影响其社会功能的人们，团体领导者可以开展“哀伤治疗”团体活动，适当选用各种心理治疗技术，帮助团体成员走出危机阴影、走向阳光。围绕“充盈生命的能量，让生命起航”开展灾后复原生命团体心理辅导，让受伤的生命重新扬起生活的风帆，“生命教育团体”认识和接纳生命的缺失，提升对生命的认识，促进生命的健康成长。治疗型团体心理干预的成员多数存在类似的心理问题而来到团体中，通过团体提供的人际环境，以及团体给予的支持、倾听、认知行为训练以及放松训练，达到解决心理行为问题，重塑人格结构的目的。治疗性团体心理干预中的领导者要具有丰富的心理学、社会学知识，同时具有敏锐的观察力和非凡的技巧。在干预过程中，要注意团体中的不同个体和他们存在的问题，并能引导个体把自己的问题表达出来，领导者要指导个体进行彼此的帮助。某些时候，领导者还需进行主控的角色扮演指导团体干预的有效进行。如对危机事件后很长时间还对失去亲人痛苦不已并且丧失了某些社会功能的个体要实施哀伤治疗，领导者可以采用各种心理治疗技术对成员进行干预，使他们尽快恢复健康。治疗性团体心理干预需要解决的团体成员的问题也比较严重，干预时间一般都比较长，多数需要5~8次，每次2~3个小时。

第二节　团体心理辅导步骤与基本过程

一、团体心理辅导的准备工作

在团体心理辅导活动开始之前，团体领导者需要进行一系列的相关准备工作，只有准备工作做得充分、具体、全面才能为团体活动的顺利进行提供前提和基础。

（一）培训团体心理干预的领导者和助手

危机事件后的团体心理干预通常由一至两名心理咨询师或治疗师来主持，一般称为团体的领导者。领导者是团体干预活动得以顺利开展的前提和基础，因此，在团体心理辅导开始之前，首先要对团体的领导者进行培训。一个优秀的团体领导者不仅要能悦纳自己，还要能与他人和睦相处；不仅要具备团体领导技能，而且要具备针对特定主题的专业知识。领导者的培训内容包括：知识学习，如危机事件的影响有哪些、怎样开展自信心训练；技能技巧训练，如对他人的情感、反应、情绪、言语产生同感的能力。此外，自信、情绪稳定、善于表达情感、尊重他人、乐于助人，宽容、思维敏捷等素质训练也是必不可少的。

（二）确定团体心理辅导目标

团体心理辅导开展之前，最重要的就是要选定一个合适的团体活动目标，因为今后的整个活动都要紧紧围绕着这个目标开展。团体目标应该具有导向性、聚焦性、激励性、评估性四个功能。目标从大的方面说有教育性目标、发展性目标和治疗性目标三类，但具体到一个实际的团体心理辅导活动，目标必须明确，具体，具有可操作性，可以分为直接目标、间接目标、终极目标，也可以分为一般目标和特殊目标，这样目标实现的可能性就大，也为后续活动的设计奠定了良好的基础和开端。当活动目标确定后，还需要为活动想一个好听的名字，要具有独特性、可理解性，同时又富有吸引力，尤其考虑到未来成员的心理承受力，比如叫“挑战自我”、“人际交往小组”的名字；不必都带上“危机辅导”“团体心理辅导”等字样。

（三）设计团体心理辅导计划

合理、有效的团体辅导计划是危机事件后团体心理辅导活动开展的依据，也是取得预期效果的重要前提。计划包括如下几个内容：

1. 小组规模

团体心理辅导是以小组（集体）形式开展的，活动计划首先就应该考虑到小组的规模，小组人数过少，小组成员会感到有压力、乏味、缺少热情；人数过多，组员间不易有效沟通、参与交往的机会受到制约。

一个团体的大小主要视以下几个因素来定：团体成员的年龄与背景；团体指导者的能力与相关经验；团体的类型和团体成员所存在问题的类型等。如从问题的类型看，主要取决于团体辅导的目标。以治疗为目标的团体咨询人数一般以6～10人为宜：以训练为目标的团体咨询人数居中；一般为10～12人，以发展为目标的团体，参加者可以适当多一些；一般为12～20人。

2. 活动时间、次数及频率

团体小组的活动可分为持续式小组和集中式小组，持续式小组是定期的，一般8～15次为宜，每周1～2次，每次1.5～2小时，持续约4～10周，活动时间要考虑到小组成员的方便，集中式小组是将组员集中住宿，在几天时间内进行团体心理辅导活动，一般以3～5天为宜，最长不要超过一周。对于青少年而言，针对他们注意力不容易集中，每次以40分钟左右为宜，活动次数可以适当增加。活动的时间一般放在组员相对比较集中的空闲时。

3. 活动场所要安静，有足够空间

4. 在计划中还要考虑经费预算

5. 团体小组活动前的准备工作

根据活动需要准备卡片、纸张、画笔、笔记本、收录机、笔、摄像机、电视机、DVD、照相机、音响等。

6. 团体小组成员的选择

（1）招募团体小组成员的途径：团体小组成员的招募应坚持自愿参加的原则。招募途径主要有三种：一是通过公开的宣传手段，成员自愿报名参加；二是团体咨询成员依据平时的咨询和调查情况，建议某些人参加；三是由其他人转介或者介绍而来。其中宣传招募是最常用的，宣传方式也是多种多样的，如开讲座、利用大众传媒、张贴海报等，应该注意的是宣传活动要有吸引力，但又不能太夸张，对团体活动时间、地点、方式、内容、经费、报名起止时间等都要说清楚，以便准备参加的成员进行选择。

（2）团体小组成员的筛选：对于初步选择的小组成员，为了保证团体心理辅导的质量和效果，还要通过面谈，心理测验和书面报告等形式进行筛选，这样就容易形成具有同质性和凝聚力的团体。筛选可分为初筛与第二次筛选，初筛时一般用心理测量量表进行筛选，可以有针对性地选用1～2个合适的量表，筛选出可能有问题的人然后进行第二次筛选。这次筛选可以同时用几种技能。一是访谈法，首先团体领导者要做自我介绍，与报名者建立连接，之后请报名者介绍自己的情况和对团体小组的期待，调整到现实的期望。通过访谈，点燃报名者的希望，增加报名者对团体心理辅导的信心。二是量表法，再填一些能够反映团体活动目标的量表，用于团体心理辅导后的评估。三是请报名者写一份简单的自我情况报告，包括加入团体的目标、生活中重要的人和事等，经过第二次筛选基本可以确定最终的团体小组组员。另外，这时还需要让组员们填写加入团体心理辅导的申请书，以保证他们遵守团体小组规则，顺利完成各项团体活动（图4-3）。

图4-3　团体心理辅导

［资料］

申请书

1. 我自愿参加缓解紧张情绪的团体训练。

2. 我相信，参加缓解紧张情绪的团体训练后，我的紧张情绪将会缓解，我将会以轻松的心态投入生活和工作学习。

3. 我保证按时参加每一次的团体活动，有事提前向领导者请假。

4. 我自愿在小组活动中坦诚的谈论自己的一切。

5. 我保证对小组活动保守秘密。

6. 在小组活动中，我会与组员保持团结友爱的关系，不攻击、贬损任何组员。

7. 积极服从、配合小组领导者及其助手的安排。

8. 我保证认真完成小组领导者及其助手布置的每一项作业。如果有两次不完成作业，我愿意接受被小组开除的决定。

9. 希望参加训练后，得到：____________________

申请人：

［资料］

誓　言

我自愿参加心理训练小组，在活动期间自愿作如下保证：

1. 我一定准时参加所有的小组活动，因为我的缺席会对整个小组活动造成影响。

2. 对于小组成员在活动中所言所行我绝对保密。活动外我不做任何有损小组成员利益的事。

3. 小组活动时，我对其他成员持信任态度，愿对他们暴露自己，与之分享自己的情感和认识。对他人的表露，我愿提供反馈信息。

4. 小组活动时，我绝不会对他人进行人身攻击。

5. 我一定认真完成家庭作业。

6. 小组活动时，我不吃零食、不吸烟、不做任何与活动无关的事。

签名：

年　月　日

二、团体心理辅导的基本过程

从小组活动开始到活动结束可以分为几个不同的阶段，对怎样划分这些阶段不同的研究者持有不同的意见，有分为三个阶段的，即导入、实施、终结三个阶段；也有分为四个阶段的，还有分为十几个阶段的。其实无论怎样划分，其基本过程都是一样的。这里我们就以四个阶段为例来说明团体小组活动的基本过程。

（一）团体初期阶段

团体心理辅导的初期阶段是团体探索和定向阶段，主要是经过热身活动后，进行团体成员的相识及相互熟悉，活跃团体气氛。领导者和团体成员进行自我介绍，讨论团体的目的、规则及成员参加团体的目标。

通常可以按照以下方法进行开始阶段前的过渡：

（1）让成员初步相互熟悉；

（2）让成员简单说明参加团体要达到的目标；

（3）让成员发表之前活动的看法，或之前活动中还没有解决的问题，领导者可以用几分钟回答成员的问题；

（4）让成员对前次活动结束后获得的进步和遇到的困难发表看法。

初期阶段一般指小组的最初几次聚会，是一个定向与探索的时期，目的是确定团体的结构、让组员相互熟悉、相互了解、消除紧张不安。小组成员会关心他们是否被接受或排斥，他们开始确定自己在该小组中的位置，确定他们能信任谁，他们将在多大程度上进行自我袒露；这个小组的给他的安全感有多大；学习尊重、同理、接受、关心、反应等基本态度，这些都有助于初步建立一种安全、信任的氛围，为今后的小组活动奠定一个良好的基础。

小组活动开始时，组员大都互不相识。一方面他们很想了解其他组员的背景、问题等，同时又有点儿畏惧、焦虑、担心不被其他组员接纳，又怕在其他组员面前出丑，还会有以下的一些预期性顾虑，如：我会被迫说一些我不想说的内心痛苦？团体中所发生的事件会保密吗？其他成员会不会带给我坏的影响？所以这一阶段的活动一般是一些比较简单，容易互相认识的游戏活动。初期阶段的活动又称为热身活动、破冰活动。可大幅减轻成员的焦虑与困惑。

初期阶段的活动可以分为静态讨论、动态活动两类，前者适合于一些解决问题的小组，后者适合于各种类型的团体小组，尤其适合于青少年。

活动开始时，领导者可以先大致介绍一下团体心理辅导及小组的情况，然后宣布团体的纪律或规则（每个组员在这些规则面前都是平等的)。纪律的内容一般包括：保守团体内秘密，坦率真诚；活动期间不与外界接触，避免干扰；避免与少数人交流，积极参加团体活动。必要时要进行团体宣誓活动。之后可以采取一些活动，如轻柔体操，使组员紧张的情绪得以放松，接下来可以用做游戏的方式让组员进行自我介绍、介绍他人，比如最佳拍档游戏、猜猜我是谁、征集签名等，然后可以让组员谈谈在小组中的感受，聚会结束时可以让组员回去写一下在组中的感受及对以后活动有哪些期望、建议，等再次聚会时大家分享作业，以后每次聚会结束都有这种作业，当组员已经比较熟悉了，能开放自己时，初期阶段结束，开始进入第二阶段。

（二）团体的实施阶段

实施阶段是团体心理辅导当中最重要的阶段，也是成员们实现团体目标的阶段。在此阶段，成员们不断进行问题讨论、分享和处理问题及任务，在团体中获得较大的帮助。这个过程中，团体成员常常出现焦虑和各种形式的阻抗，形成了团体内冲突。领导者要不断识别出成员的焦虑和阻抗，并指导成员进行宣泄和表达，告诉他们这些都是正常的，要接受并转变它，使其学会处理任何影响他们情绪问题的能力。

在团体辅导的进程中，成员们会讨论团体中的各种问题，那些负性情绪和行为也将随着成员之间信任感的建立而逐渐消除。此阶段成员们着眼于解决当下问题，更加明确自己的目标和关心的问题，并学会了承担责任。他们通过学习，开始转变自己不合理的认知和行为，不断建立理性的认知和行为。

这一阶段是团体心理辅导的关键阶段，活动的目标都主要是在这一阶段完成的。这一阶段是在前一阶段组员之间形成相互信任、相互坦诚关系的基础上，运用成员间的相互影响，采用成员彼此谈论自己或别人的心理问题和成长经历，争取别人的支持，理解、指导；利用小组内的人际互动反应，发现自己的不足和弱点，努力加以纠正等形式，把小组当成一个安全的实验场所，练习改善自己的心理与行为，以期能扩展到理想和现实生活中。

在实施阶段，在小组表面和谐下的冲突、支配，对抗的暗流在涌动。对领导者产生不满和敌意是团体发展中不可避免的现象，组员赋予领导者不切现实的神奇色彩，抱有无限的期望，以至于再能干的领导者也终究会让他们感到失望，继而，成员对治疗师产生敌意，但随着治疗的进展，成员的现实感逐渐建立。

实施阶段是团体成员认识到要对自己生活负责的时期，其典型特点是探讨重大问题和采取有效行动，以促成成员的理想行为改变。此阶段的具体特征包括：团体的凝聚力、亲密感、信任感提高；沟通更加自由流畅，能够对所体验的内容做出顺畅准确的情感表达，团体成员愿意冒险袒露令人畏惧的隐私，使自己被他人了解，将自己想要讨论和更想了解的个人问题带到团体之中，摘掉了面具，进行人与人最真实的交流。团体成员之间能够认识到彼此之间的矛盾冲突，并得到直接和有效的解决，较少的主观评价，真实的反馈和感受表达，成员的心理防卫明显减弱或消失；发起面质的成员会尽量避免给他人贴上批判性质的标签；成员已经开始尝试在其日常生活中行为的改变；团体成员能够感受到他人对自己所做尝试性改变的支持，愿意继续冒险尝试新的有效行为模式；团体成员感到前途又充满希望，有无限可能，感受到只要愿意采取行动，就一定能改变自己，成员不再感到孤立无援。

在这个过程中，团体领导者的功能往往已经由团体成员分担，领导者不给组员过多的具体教导，而是带领大家更多地关注自己和其他组员的感受与体验，同时予以表达。没有深刻的情感体验就无法达到真正的领悟。这一阶段采取的小组活动形式和技能因团体目标、类型、对象的不同而有所侧重。有的小组采用讲座、讨论、谈体会、写日记等形式；有的小组采用自由讨论；有的小组主要采用行为训练、角色扮演和行为预演方法，其中以系列活动的形式居多。

这一阶段尽管各类团体心理辅导所依据的理论基础不同，活动方式不同，实施技能各异，但过程是基本相同的。

（三）团体的巩固终结阶段

这是团体的结束阶段，是团体心理辅导的最后一次或最后几次会谈。在团体结束阶段，成员会因为分别而产生一些焦虑和忧伤，领导者要帮助成员们处理好分别的情绪。在结束阶段，团体成员一般不再主动评价自己的表现和进步，领导者可以让成员评价自己的表现是否满意，同时还要指导成员对自我目标的实现和活动效果进行评价，成员们可以交流团体期间的心得体会。此时领导者注意倾听，尤其是那些不爱讲话的成员的意见非常重要，以便更好地掌握成员的感受和放松。

巩固终结阶段一般是指小组的最后几次聚会，但不一定就是最后一次聚会，有付出后的收获，也会有即将离别的不舍与伤感。对于团体即将分离的事实，成员可能会产生一些退缩的行为，不再以高昂的热情参与团体，团体成员既有某种程度上的分离恐惧，也担心能否在日常生活中运用他们在团体中所体验到的，所学习到的感受和有效的行为模式。团体成员可能互相表达恐惧、希望和担忧，互相述说他们的内心体验。这一阶段的目的是巩固小组辅导的成果，做好分别的心理准备，领导者应该充分把握时机，给小组活动画上一个完满的句号，终结阶段做得好可以使成员深入掌握在小组中取得的经验，对小组留下美好的回忆，能把小组中的学习成果应用到正常生活中，达到真正的成长目标。协助成员处理他们可能对结束团体所产生的任何情绪；提供机会让团体成员表达和处理在团体中任何尚未解决的问题；强化团体成员已经做出的改变，保证成员了解到能够使他们做出进一步变化的可使用的资源；协助成员确定他们如何将特殊的技能运用于日常生活的各种情景；和团体共同努力建立起特定的契约和家庭作业，以此作为促成改变的实用方法；协助成员建立一个概念架构，以理解、整合、巩固、记忆他们在团体中所学到的内容。让成员有机会能互相提供有建设性意义的回馈；再次强调在团体结束之后保守团体秘密的重要性。

此阶段，成员要达到以下目标：第一，要处理自己对分离和结束团体的情绪；第二，要准备将自己在团体中所学扩展到日常生活情景中去，要给他人一个比以前更好的形象；第三，成员要完成任何尚未解决的问题，无论是自己带到团体中来的问题，还是与团体其他成员之间的问题；第四，评价团体的影响作用；第五，要针对自己想要做出的改变和如何实现这些变化，做出选择和计划以最终促成改变。

结束活动的方式可以分成三类。回顾与反省：大家一起回想一起做了些什么，有哪些心得体会，有哪些意见；祝福与道别：可以自制一些小礼物互相赠送，也可以说一些鼓励与祝福的话，维持并增进已建立的友谊；计划与展望：讨论今后的打算，应该定什么计划，对未来有什么展望等。

在这一阶段，常采用的活动有：联谊会、总结会、反省会，大团圆等形式。通过前两阶段的活动，原本陌生的人已成为朋友，团体气氛和谐亲密、心情舒畅、相互信任，在这种气氛下的离别多少难免会有些伤感，因此，需要安排好结束工作。活动结束后，也可在必要时再重新聚会，进一步交流，了解小组活动的保持效果情况。

（四）团体的追踪与评价阶段

追踪与评价阶段往往被许多团体心理辅导过程所忽略，其实这一阶段也至关重要，否则难免虎头蛇尾。此阶段，离开团体的成员应该积极寻找能自我强化的途径和方法；持续记录自己所发生的改变过程和遇到的一些问题；参加个别会谈，以讨论如何更好地实现自己的目标，或者参加追踪观察活动，向团体领导者或其他团体成员交流自己将团体经验应用于日常生活中的情况。

领导者可以为团体成员中有需求的人提供私下的个别咨询，进行追踪观察或为需要进一步咨询的团体成员寻找具体的资源。协助团体成员建立相互联络的渠道，以使成员能够在团体之外运用支持系统，依据科学的评价团体效果的方法评价团体心理辅导的效果，以总结不足，积累宝贵经验。

每个人都有自己的人生蓝图，每个人都是自己人生的主角，危机事件后的团体心

理辅导所能做的是陪伴他们走过阴霾，看清阻止他们前行的障碍，最终使他们自己走出被困的漩涡，发现自己不知道的部分。团体领导者能做的就是放下自己，为大家创造成长的空间。团体治疗的效果——组员的改变，来自整个团体。

第三节　团体心理辅导的实施

在团体心理辅导中，为了发挥团体心理辅导的作用，完成团体心理辅导的目标，领导者需要在每一次团体活动都确定一个主题，以便达到更好的辅导效果。

一、建立关系阶段

（一）常用技术

1. 开启技术

就是让团体成员能够尽快地认识，减少陌生感，激发成员的参与感，以便取得良好的辅导效果。

2. 建立信任感技术

在经过危机事件后，有的成员可能存在很大的负面情绪，参与性不高，在活动中处于被动，或者对领导者不信任。领导者就需要建立该类成员与自己的信任感，打破陌生感与距离感，不要强迫，要积极引导成员说出内心感受。

（二）活动参考

1. 填画胸卡

目的：通过给自己命名和成员之间的接触交流，建立信任，促进成员在以后的活动中放松心情、互相支持、协作。

道具准备：彩笔、挂牌、不干胶纸。

操作过程：

（1）请成员在不干胶纸上写上自己的姓名或昵称，这个称呼是在整个活动中使用的，是你最喜欢别人称呼你的。写好后，请将贴于胸前。

（2）请成员寻找小组中的成员组成两人小组，互相握手并微笑然后自我介绍，要求介绍中必须包括自己的称呼、来自哪里、平时最喜欢做什么等。

（3）回到团体，向其他成员介绍自己的伙伴。

（4）指导语：刚刚我们认识了这个团体中的第一位伙伴，现在我们来轮流将自己的伙伴介绍给小组其他成员，在介绍的时候请按照这样的方式："我旁边这位是×××，她来自……平时最喜欢做的事情是……"介绍完毕，被介绍的成员再以同样的方式介绍自己的伙伴，依次完成。

2. 很高兴认识你

目的：让大家记住所有人的名字，并且思考怎样的自我介绍能让大家印象更深刻。

操作过程：

（1）将所有成员分成人数相等的两组，组织这两组成员站成前后两排。

（2）站在前排的成员全体向后转，即两组成员面对面站好。

（3）当领导者说"开始"的时候，面对面站着的成员开始自我介绍。当两组成员都互相介绍完毕时，前排的成员依次向后串动一个位置，再继续相互介绍，以便认识所有成员。

3. 微笑握手

目的：让所有成员都能够对其他成员露出真诚的微笑。

操作过程：大家围成一个大圈，让几个具有相同特征的人到圈里，按顺时针的方向和每一个人握手，并且面带微笑，真诚地说一句"您好"。

4. 手语舞蹈《感恩的心》（图4-4）

目的：为了让团体成员能够从歌声中感受到爱和感恩的力量。

操作过程：领导者可将歌词发给成员，随着音乐，带领成员一起舞。

交通事故让人们深刻地感受到生命的脆弱，更让我们领悟到生命的珍贵。丧失的一切固然令人痛惜，依然拥有的一切，更值得我们感恩。常怀感恩之情，常抱助人之心，生命将变得更有意义。

图 4-4

5. 你的变化

目的：培养团体成员细心观察的能力，更好地促进团体之间的关系。

操作过程：两人一组，先面对面观察对方一分钟，尽量仔细，然后背对背，在3分钟内，在自己身上作出3处变化，再面对面，让对方寻找变化之处在哪里。再次背对背，作出5处变化，让对方寻找。

6. 爱在指间

目的：通过团体成员的不同交友愿望，可帮助团体成员改善人际关系。

操作过程：

（1）将团员分成相等的两组，一组成员围成一个内圈，再让另外一组成员围成一个外圈，内圈成员背向圈心，外圈成员面向圈心。当指导者发出口令时，每个成员向对方伸出1~4个手指头，伸出一个手指头表示“我现在还不想认识你”，伸出两个手指头表示“我愿意初步认识你，并和你做个点头之交的朋友”，伸出三个手指头表示“我很高兴认识你，并想对你有进一步的了解和你做个普通朋友”，伸出四个手指头表示“我很喜欢你，我很想和你做一个好朋友，与你一起分享快乐和痛苦”。

（2）根据两个人伸出的手指头作出以下动作，如果两个人伸出的手指头不一样，则站着不动，如果两个人都伸出了一个手指头则把自己的脸转到一边，并跺脚，如果两个人都伸出两个手指头则微笑点头，如果两个人都伸出三个手指头则握手，如果两个人都伸出四个手指头，则热情的拥抱一下对方。

（3）每做完一组手势，外圈的成员分别向右一步，和下一个成员相视而站，作出相应的手势和动作，以此类推。

（4）当结束时，请团体成员分享一下刚才当看到别人伸出的手指和你不一样时，你心里的感受，从中你得到了什么启示。在人际交往中，我们都希望别人能承认自己的价值、喜欢自己、支持自己、接纳自己。但是任何人都不会无缘无故地喜欢我们、接纳我们。别人喜欢我们也是有前提的，那就是我们也要喜欢他们、接纳他们。

二、建立信任阶段

（一）常用技术

1. 解决防卫心理

团体成员可能会由于危机时间的影响而对事物缺乏安全感。而一旦感觉受到威胁或安全无法保障时，人的防卫心理就会出现。领导者要及时觉察到这种防卫心理的出现，并积极引导团体成员放下思想包袱，积极、及时表达自己的感受。

2. 应对冲突

在团体活动中，难免会出现意见不一致的成员，如果领导者控制不好的话，团体成员之间可能会发生冲突。领导者要适时地引导，引导团体成员从不同角度思考问题，让团体成员获得更大的收益。

3. 应对特殊成员

由于所处环境的不同以及大家参与团体活动的目的不同，从而导致了特殊成员的出现。例如有的团体成员很沉默，有的团体成员很善于表达，有的团体成员不投入，有的团体成员很张扬。这些特殊成员都需要领导者及时观察并根据具体团体成员的不同情况及时解决，以免影响团体心理辅导的效果。

（二）活动参考

1. 盲行

目的：通过肢体接触和换位思考感受团体成员间彼此的信任。

操作过程：全体团体成员分为两人一小组。由领导者设计出一条安全的路线，最好在室外进行活动，由某处开始最后回到某处。每组中一个成员戴眼罩，另外一个手牵手按照领导者制定的路线前进，途中遇到障碍时，两人只能用肢体交流不能用语言交流。到达终点后，双方再互换角色。

2. 突出重围

目的：考察团体成员之间的协作能力，提升成员个人的洞察力。

操作过程：

（1）全体团体成员手拉手围成一个大圆圈，两名成员站在中间，用任何形式突围这个大圆圈。在突围过程中，两人要一起合作，必须两人都突围成功，才算活动结束。

（2）领导者带领团体成员讨论突围的经验。让团体成员感受到协作的力量，以及被困时和脱困时的心情。

3. 信任背摔

目的：探索团体成员间的信任程度。

操作过程：

（1）全体团体成员站成一路纵队。在纵队前方可放置一张桌子，请一位成员背对大家站在桌子上，站好后将身体慢慢后仰，直到后面的成员能接住。每一位成员都轮流上来体验。

（2）请团体成员分享当身体后仰时心中的感受，对别人越信任身体后仰的幅度越大，直到离开桌面被其他成员接住。

4. 同舟共济（撕报纸）

目的：通过团体协作，努力达到目标，培养创新思维。

操作过程：领导者将几张报纸铺在地上，所有团体成员都站在报纸上。领导者将报纸面积减半，同时要求所有团体成员必须继续站在报纸上。可将报纸面积再减半，随着难度的增加，团体成员间也会越加努力，直到目标的达成。

5. 优点轰炸

目的：发现其他成员的优点，促进相互的信任。

操作过程：所有团体成员围圈坐好，请第一位成员起立，顺时针方向所有成员都说出该成员的优点。在说优点时，态度要真诚，不能吹捧。而被说到优点的成员要分享被人夸奖时的体验，思考怎样能同时发现别人的长处。

6. 大风吹

目的：让团体成员放松情绪，并可打破团体中的小团体，让团体成员有机会接触到其他成员。

操作过程：当领导者说“大风吹”时，成员问：“吹什么？”，领导者说：“吹……的人”，那么所有……的人就必须离开自己的位子，重新寻找位子坐好。当领导者说“小风吹”，则成员问：“吹什么？”，治疗师说：“吹……的人”，那么所有……的人就保持不动，其他成员必须离开位子重新寻找自己的位子。可“吹”之资料：有耳朵的人、戴表的人、两只鼻子的人、没有指甲的人、穿×颜色衣服的人、戴戒指的人、打领带、擦口红的人、有太太的人……。

7. 手指的力量

目的：感受团体协作的精神。分享在想象中不可能的事情，如果齐心协力就会把不可能变为可能。

操作过程：让一个人平躺在桌子上，双手抱肩。再选12～16个人，每人出一个食指，分别放在他的头部、肩部、背部、臀部、大腿、小腿、脚，同时用力，可将他举起，先从最轻的开始试。

三、情绪管理阶段

（一）常用技术

1. 积极引导

团体领导者必须引导每一位团体成员都要参与到团体活动中来，不剥夺积极的成员的活动机会，也要及时观察被动成员，积极引导被动成员也参与其中。

2. 解决问题

在团体活动中，任何问题都可能出现。而领导者要引导成员积极作出符合自我价值观的决定，减轻心理压力，从而使其适应社会的能力增强。尤其是那些经过危机事件后心理比较脆弱的团体成员。

（二）活动参考

1. 心有千千结

目的：成员思考在活动中自己处于什么样的位置，如果因为个人的失误而导致活动失败时的心理感受。

操作过程：请团体成员手拉手，围成一个大圈，每一个成员都要记清楚自己的左手和右手拉的分别是谁，然后放开手，在圈内自由走动，幅度越大越好，领导者在团体成员走动之后再说停，每个成员都不许动了，去找自己的左手和右手拉的那个人，把手重新拉起来，手拉上就不许分开。当所有的手都重新拉好以后，肯定有许多的结，这时候团体成员就一起把这个结解开，解开之后还能恢复成原来的一个大圈。要求一定记清楚自己的左手和右手拉的是谁，不要拉错了，否则解不开。

2. 小鸡变大鸡

目的：使成员能够挑战自我，增强应对挫折能力。

操作过程：所有的人都是鸡蛋，双手抱膝蹲在地上，鸡蛋之间互相“剪刀、石头、布”，赢家变成小鸡，半蹲状，并且扇动翅膀，小鸡之间再定输赢，赢家变成大鸡，可以直立站在地上，扇动翅膀，大鸡之间再定输赢，赢家是仙人，可以到座位上坐好。必须是同类之间定输赢，输家要退回一级，直到没有同类可以定输赢，活动结束。

3. 放松训练

目的：在经过危机事件后，多数人睡眠质量可能有所下降，放松训练是一种很好的改善睡眠的辅导方法。如果在训练中加入一些积极的暗示，效果会更好。

操作过程：指导语：首先我们来做一下放松（最好加背景音乐，以放松舒缓为基调），好，现在请你闭上眼睛，当你的眼睛一闭起来，你的全身也跟着放松。你的思绪会像波浪在你的脑海中起伏，它们自然地出现，自然地消失。现在，请你把注意力放在我的声音上，我的声音说到哪里，你的注意力就集中到哪里，我的声音说到哪里，你的想象力就集中到哪里。首先，请你做一个深呼吸，深深地吸进一口去，再慢慢地把它呼出来，保持这样的呼吸，每一次，当你呼气时，想象你体内所有的压力，焦虑、烦躁都随之呼出体外。你的身体慢慢地变得越来越松软，越来越松软，松软的就像要飘起来一样。注意你的呼吸，慢慢地吸气，慢慢地吐气，每一次吸气，感觉氧气经过你的咽喉、气管到达你的肺部，新的能量不断充满你每一个细胞，每一次吐气，感觉你体内所有的压力、焦虑、烦躁都随之排出体外。慢慢的吸气，慢慢的呼气，慢慢的吸气，慢慢的呼气，感觉你的身体慢慢地变得越来越松软，越来越松软，松软得就像要飘起来一样。现在，你来到了一个美丽的沙滩上，蓝蓝的天空中飘着朵朵白云，白云的颜色非常的洁白，衬得蓝天特别的漂亮，明晃晃的太阳挂在天空中，有点刺眼，但是照得你非常的舒服。你的脚踩在沙子上，软软的沙子顽皮地钻到你的脚趾中，有点微微发麻，但是非常的舒适，海风轻轻地吹在你的脸上，带点淡淡的潮气，你似乎能闻到空气中海水的咸味。在不远的地方，海鸟正在海边飞翔，时而发出几声鸣叫，让人感觉非常的舒服，非常的放松。你走累了，就地坐了下来，闭上眼睛，感受着海边的气息，晒着暖暖的太阳，你觉得非常的舒服，你的头脑很清醒，觉得全身上下都得到充分的休息，全身充满了力量，所有曾经困扰你的不安，疲惫，焦虑都离你远去，你的内心感到非常的平静，舒适。你会感觉一股前所未有的强大的感觉在你心中慢慢蔓延，在面对困难时，你会更勇敢。那些突发事件给你带来的伤害都伤不到你，因为你特别的坚强，特别的有力量。所有的伤痛都会随着事件的消逝而慢慢淡化。危机事件的出现正是考验你的时刻，你的能力、耐力、抵抗力都会帮助你渡过此次难关。你要始终相信，你改变不了环境，但可以改变自己；改变不了过去，但能改变现在；不能预测明天，但可以把握今天。现在，你要慢慢起身离开美丽的沙滩，回到这间房子，也许有些不舍。但是这种感觉不会离开，带着这种感觉，平静、舒适，带着它们，慢慢回到这间房。你可以慢慢睁开你的眼睛，你感到非常的舒适而放松。

4. 我的五样

目的：使团体成员珍惜所拥有的，懂得适时放弃。

操作过程：

（1）给每位团体成员发一张白纸，要求他们在白纸上写下人生中什么最重要，但只能写下5样。

（2）要求团体成员逐一放弃，并思考为什么放弃的理由。在删除的过程中，可能有的团体成员会比较激动，领导者需要控制好场面，尤其是可能会引起团体成员对危机事件的回忆。

5. 我的自画像

目的：自画像是将画者内心的反应通过非言语的形式表达出来，是一种自我探索，可以促进团体成员自我察觉。尤其是经历了危机事件后，成员可以将内心的恐惧与不安都通过画像表达出来。

操作程序：

（1）发给每位成员一张白纸，在白纸上画出自己，可以是形象的，也可以是抽象的，只要最能代表自己就行。

（2）请每位成员对自己的画像做出解释，其他成员可以提问，促进成员更深的思考。

6. 解密大行动

目的：帮助团体成员解决目前的困扰，可由领导者解决或成员间相互解决。

操作程序：每位团员都想一想目前最困扰自己的事情是什么，最想解决的问题是什么，写在纸上，不署名，然后统一交给指导者。全体写完以后，指导者随机抽出一张，念出纸上的内容，请团员共同思考，帮助提问题的人解决问题。讨论完一张纸上的内容，再讨论另外一张纸的内容，直到把所有的问题都逐一解决。最后团员可思考怎样从别人的经验中成长。

7. 天使在人间

目的：帮助成员寻找社会支持，让成员感受来自他人的问候和关爱。

操作程序：每位成员都在纸上写下一句祝福的话，或者是期望，需要署名，然后领导者将纸条收齐。请每位成员随机抽取一张纸条，纸条上所写的人与抽取该纸条的成员互为守护天使。然后两两一组可以就最近发生的事情进行讨论、沟通。如果在彼此愿意的情况下，以后都可以进行随时的沟通，要相信守护天使能够带来好心情，好运气。

四、展望未来阶段

（一）常用技术

1. 经验分享

经过多次团体活动，每个团体成员都会有所收获。领导者要善于发现成员的收获并引导他们说出感受。因为团体成员都经过危机事件，成员彼此间会更加感同身受。

2. 团体回顾

团体心理辅导与个体心理辅导的不同就在于，团体心理辅导是一种自助与助人结合的方式，每个成员在使自己成长的时候，提出自己的感受和意见也可供其他成员参考，为他人提供帮助。

（二）活动参考

1. 时光机

目的：回顾成员自己的生命历程，找出曾被自己遗忘的愉快记忆。

操作过程：首先我们来做一下放松（最好加背景音乐，以放松舒缓为基调）。

现在，请你闭上眼睛，选择一个你最舒服的姿势。好，现在深深的吸气，慢慢的呼气，再来一遍，深深地吸气，慢慢地呼气，再来一遍，深深地吸气，慢慢地呼气，想象春天来了，一片鸟语花香的美丽景色，你静静地躺在床上，心情舒适而愉快地享受春天带给你的欢乐与愉悦，你觉得舒服极了。让我们乘着时光机，一同回到过去。还记得几十年前呱呱落地那一刻吗？那时的你是什么样子的？……到了3、4岁，开始有了记忆，此时的你在做什么呢？……在玩耍、学习，还是做其他的事情呢？……7、8岁还记得第一次到小学报到的心情吗？……还记得你交到的第一个朋友吗？……接下来的小学阶段有没有哪些事情是让你印象深刻的？……哪些重要人物对你造成一些影响？……例如：老师或其他长辈？与同学间呢？还记得什么？快乐的还是伤心的？……接下来的初中和高中又发生了什么？……后来你成家了，孩子出生了，还记得孩子出生的那一刻吗？……再后来发生什么？……想象着这几十年的生活就像电影一样一幕幕的在你面前经过，……想一想，哪些人、事、物对你产生了影响，是好的还是不好的？……好，接下来我们要搭着时光机回到现在哦！数到三将你的眼睛张开来，一，二，三。

2. 生命线

目的：帮助成员寻找支持资源。

操作过程：请成员把纸横着对折，然后在折痕上描出横线。横线从左往右代表年龄从小到大。这条线标示了成员的一生，是他脚步的蓝图。告诉成员现在请找到你目前所在的那个点，标出来。比如说你现在40岁，就标出40 岁的那个点。在这点的左边，代表着过去的岁月，右边，代表着未来。把过去对你有着重大影响的事件用笔标出来。比如你27岁有孩子，就找到和27岁对应的位置，填写孩子出生这件事。注意如果你觉得是快乐的事，就把点写在生命线的上方，点离开横线的距离代表快乐的程度。如果你觉得快乐非凡，你就把这件事的位置写得更高些。如果是感觉痛苦的事件，就把点画在生命线下方的相应的位置，同样，点离开横线的距离代表痛苦的程度。依此操作，你就记录了自己在今天之前的生命历程。然后请用曲线把各个点按照时间顺序连起来。看看是横线上面的事件多，还是横线下面的事件多。

3. 预测未来的水晶球

目的：引导团体成员看到积极的一面，忘记伤痛，展望未来。

操作过程：给团体成员发放一个水晶球，假定水晶球能遇见未来。鼓励每位成员说出在水晶球中看见自己的未来，领导者引导团体成员面对未来充满信心。

以上活动仅供参考，领导者可根据具体情况再制订不同的团体心理辅导方式。

第四节　团体心理干预的模式

发达国家在长期的危机事件后的团体心理干预研究的实践中，积累了丰富的经验，建立了很多行之有效的干预模式。目前较为常用的是美国的ARC模式、CISD模式和我国台湾地区的A&C模式。下面对后两种模式进行简要介绍。

一、美国CISD模式

严重（危机）事件集体减压法（critical incident stress debriefing, CISD），是一种系统的、通过交谈来减轻压力的方法。是一种简易的支持性团体治疗。Mitchell于20世纪80年代发展了目前被我们广泛应用的危机事件应激会谈法（CISD），是心理会谈方法的一种。Mitchell认为：各种危机事件发生之后，在第一时间进行救助的人员，如武警官兵、解放军战士以及进行急救的医护人员等，也会受到各种心理冲击，救助本身对于他们来说就是一种应激源。因此，CISD最初的发展和使用仅仅针对这些救助人员。随着CISD的理论研究和实践演练不断的深入和成熟，越来越多的学者和心理学家们发现，CISD不仅对救助人员有效，对于那些直接受害者，即一级受害者（指直接经历危机事件的人）同样具有较好的干预效果。受害者参与到会谈中来，在团体的氛围下感受到支持和温暖，通过叙说来宣泄积压的不良情绪，并且在团体中可以找到与自己同命相怜的人，受害者心中也会得到某种安慰，使其心身健康得到很好的维护。对于灾害幸存者、灾害救援人员、急性应激障碍(ASD)的病人，可以按不同的人群分组进行CISD。CISD是一种心理服务的方式，并不是正式的心理治疗，面对的大部分是正常人。严重事件即创伤性事件，是任何使人体验异常强烈情绪反应的情境，可潜在影响人的正常心理功能。创伤性事件不是指一般的心理创伤，而是指可能危及生命或者导致残疾的恶性事件。严重事件造成应激是因为事故处理者的应对能力因该事件而受损。实践表明，CISD 是一种非常有效的心理干预方式。

CISD的目标：公开讨论内心感受；支持和安慰；资源动员；帮助当事人在心理上（认知上和感情上）消化创伤体验。

CISD的时限：经历创伤事件后24～48小时是理想的干预时间，2～10 天进行尚可，6周后效果甚微。每次会谈大约持续3小时，可以根据现场情况做适当调整，但一般不超过4个半小时为宜。正规的会谈对领导者的要求较为严格，一般由专业的精神卫生人员或心理卫生专业人员，来担任领导者的角色。领导者在在指导会谈进行的过程中，除必须具备相应的专业知识以外，还必须具有掌控现场的能力。由于危机事件具有突发性和威胁性，很多人在心理上还处在比较恐慌的状态，因此会谈中会有各种意想不到的意外情况发生，这时就要求领导者具备沉着、冷静、理智，灵活应变的素质，在灾难事件发生后24小时内不进行CISD。灾难事件中涉及的所有人员都必须参加CISD。CISD共分为如下六个阶段。

（一）介绍期

1. 目的

建立基本规则，特别强调保密性。

2. 方法

指导者进行自我介绍，介绍CISD的训练规则，仔细解释保密问题。

顾名思义，介绍期是指成员之间相互介绍，互相熟识的时期，也是CISD 的初始阶段。领导者首先要向成员进行自我介绍，并向成员介绍会谈的内容、形式及程序，向成员解释保密原则。并向成员说明这种会谈并非正式的心理治疗，它只是减少危机事件给成员造成应激反应的一种方法。要把辅导活动定位清晰准确，从而减少初次参加会谈成员的不解和紧张感。领导者介绍完以上内容后，小组成员分别进行自我介绍。

（二）事实期

1. 目的

经历创伤事件的个体叙述事件的事实。

2. 方法

请参加者描述事件发生过程中他们自己及事件本身的一些实际情况；询问参加者在这些严重事件过程中的所在、所闻、所见、所嗅和所为；每一参加者都必须发言，然后参加者会感到整个事件由此而真相大白。

经过第一期的介绍期之后，团体成员之间已经初步熟识。这一期，领导者要引导小组内每个成员依次发言，为大家讲述危机事件发生时的所见所闻、所处及所感，每个成员都站在不同的角度去聆听和感受，每个人都有机会把自己当时所处的情节描述出来，使整个事件逐渐清晰地呈现在每个人的面前。

领导者在这一期要完成的任务主要是：

（1）询问成员事件发生时所处的位置（事件发生的时候你在什么地方呢？）；

（2）询问成员事件发生时所见、所闻、所嗅（事件发生的时候你都看见或听见了什么呢？）；

（3）询向成员事件发生时正在做什么；

（4）引导成员尽可能多而详细地表述，注意观察成员在表述过程中的反应；

（5）尽量让每一个人都参与发言，如果有个别成员不愿在小组内发言，可以保持沉默。保持沉默也适用于其他各期。

（三）感受期

1. 目的

确定和证实经历过的急性应激反应

2. 方法

询问有关感受的问题。

通过事实期的描述后，事件又一次清晰的重现。这一期的主要任务是引导成员依次表达自己的感受，也就是成员对整个事件的认知反应。所有人都要认真倾听每个成员身上发生的事情，倾听过程中尽可能的关注和真诚，使陈述者感受到与人分享和支持的力量。需要注意的是，在这一期中，不能抱有批评的态度。

领导者在这一期中需要完成的任务是引导成员表达自己的真实感受：

（1）询问成员事件发生时的感受；

（2）询问成员事件发生之后有什么样的感受；

（3）询问成员此时此刻有什么样的感受；

（4）询问成员过去是否有过类似的经历及感受；

（5）询问成员这些感受是否对其产生重大影响并举例说明等等。

除此之外，还要询问成员一些关于内疚等感受：①询问成员关于此次事件发生是否觉得自己有做得不够的地方；②询问成员是否觉得自己做错了什么事情而感到自责等等。

（四）症状期

1. 目的

确定急性应激反应的症状。

2. 方法

请参加者描述自己的急性应激反应的症状，如失眠、食欲缺乏，脑子不停地闪出事件的影子，注意力不集中，记忆力下降，决策和解决问题的能力减退，易发脾气，易受惊吓等，询问事件过程中参加者有何不寻常的体验，目前有何不寻常体验？事件发生后，生活有何改变？请参加者讨论其体验对家庭、工作和生活造成什么影响和改变？

症状期的主要目标和任务是领导成员从躯体和心理等各个方面进行描述，从而确定危机事件发生后是否有身心症状。如果有症状，领导者就要和大家一起分析是否是危机事件所导致。此期开始从情感领域向认知领域过渡。

在这一期需要完成的任务主要是：

（1）询问小组成员事件发生后是否有躯体或心理上的痛苦症状；

（2）引导成员从认知、行为等各个方面进行描述；

（3）注意要依事件的先后顺序进行描述；

（4）避免使用敏感词汇，注意不要将成员的症状严重化，避免使用“障碍”、“疾病”等词汇。

（五）辅导期

1. 目的

有效的应激处置教育。

2. 方法

介绍正常的反应；提供准确的信息，讲解事件、应激反应模式；应激反应的常态化；强调适应能力；讨论积极的适应与应对方式；提供有关进一步服务的信息；提醒可能的并存问题（如饮酒）；给出减轻应激的策略；自我识别症状。

辅导期以领导者给予成员耐心专业的辅导为主。向成员介绍应激反应及其模式。向成员说明其存在的一些身心反应是属于危机事件后的应激反应，是很正常很自然的事情，而并不是疾病和非常态。除此之外，领导者要向成员积极介绍应激管理的基本理论和技巧。

在这一期，需要注意的问题有：

（1）指导成员自我识别症状；

（2）向成员介绍积极的应对方式；

（3）转变成员的一些不良认知；

（4）提醒成员可能出现其他一些并存问题。

（六）恢复期

1. 目的

准备恢复正常的社会活动。

2. 方法

澄清错误观念；总结晤谈过程；回答问题；提供保证；讨论行动计划；重申共同反应；强调小组成员的相互支持；可利用的资源；主持人总结。

最后一期为资源动员期。在这一期，结束创伤事件，所有成员共同总结过去几期所谈论的内容。由于每个人危机事件后的应激反应受到个性、抗挫折能力、认知、受教育程度以及文化背景等众多因素的影响，因此面对危机事件，每个人的反应和表现也不尽相同。这时，我们要通过回答问题，评估出那些需要随访或继续治疗的人。

我们在总结会谈的过程中需要完成的任务是：

（1）再一次强调成员的共同反应；

（2）表达小组成员的相互理解、关心和支持；

（3）讨论行动计划；

（4）为成员提供进一步服务的相关信息。

进行CISD需要注意以下几方面：

（1）一些严重认知歪曲和那些处于重度抑郁状态的人或以消极方式看待CISD的人，不适宜参加集体会谈，因为这些成员很可能会对其他成员造成严重的负面影响；

（2）鉴于CISD与特定的文化性建议相 致，有时某些民族文化仪式或宗教仪式可以替代CISD；

（3）对于急性悲伤的人，如家中亲人去世者，并不适宜参加CISD。因为时机不好，可能会干扰其认知过程，引发精神障碍；如果参与CISD，受到高度创伤者可能为同一会谈中的其他人带来更具灾难性的创伤；

（4）情绪严重不稳定和有攻击倾向的人不适宜参加集体会谈，集体会谈需要在一个平和、温暖、相对安静的氛围下进行，这些人的加入很可能会破坏团体氛围而使会谈难以进行下去。

二、台湾地区的A&C模式

台湾地区的A&C模式与CISD模式有相似之处，是由我国台湾地区的资深心理师黄龙杰首创，在已有的ARC模式和CISD模式理论和实践基础之上，结合台湾地区的实际情况发展出了A&C模式。这种模式的主要目标是，通过协助当事人和亲友度过混乱的情绪期，减少因危机而形成的负面影响的程度，恢复危机前的生活功能与现实能力，减少未来创伤压力症候群的出现几率，增进个人成长，使之学到新的应对技巧，增加生活选择，增进人生价值的思索。

该团体辅导最好在危机事件发生后24~48小时内进行，一般不超过一周为宜。参加人数一般在12人以内。辅导的地点尽量选择在安静、相对封闭、温暖舒适的环境里进行。A&C模式（也称6+1模式）的具体步骤如下。

（一）开宗明义

领导者向团体成员介绍团体宗旨和进行流程，并向成员说明为什么要进行这次团体会谈。简单阐述此次事件的概况，请团体成员轮流发言，简要地进行自我介绍，再谈一下与事件受害人的关系。在此期领导者要向成员强调本次会谈是要提供给大家一个疗伤止痛的机会，成员彼此要互相支持，使每个成员获得安全感，说出自己的心声，大家一起共渡难关。

（二）还原现场

在这一阶段，成员要轮流发言，叙述事件发生时的情景。领导者引导成员仔细回顾事件发生以后每个成员的反应是什么？这时领导者可以实施提问，以便引导成员更好地投入谈话。如你是怎么得知事件的发生？听到消息以后你的第一反应是什么？有什么样的感受？当时心里的第一个想法是什么？

（三）压力反应

领导者带领成员回顾受到事件的冲击以后。所出现的各种身心行为反应和不适症状都有哪些。

（四）机会教育

归纳总结成员的身心反应，领导者向成员介绍危机事件后心理创伤的应激反应都有哪些。如生理方面会出现疲劳、食欲不振、睡眠紊乱等，情绪方面会出现惊吓害怕、悲哀、孤单无助、内疚、羞愧等；行为方面则会表现为经常哭泣、坐立不安、少言或发呆等。有的人还会出现触景伤情或往事历历在目、逃避现实、对未来悲观绝望、整天异常紧张、草木皆兵、杞人忧天等等诸多表现。领导者这时要告知成员，这些反应都是正常的应激反应，任何人在经历危机事件后都会出现诸如此类的反应，而并不是仅仅在座的各位出现这样的反应，这些反应大概在数天或数周之内便会缓解或消失。在此期间，成员应采取积极正确的应对方式对抗困难，而借酒消愁或药物滥用是十分不可取的消极应对方式。领导者要指导成员多注意休息和饮食健康，多进行户外活动和锻炼身体。

（五）行动计划

成员轮流发言，向大家介绍自己应对挫折缓解压力的具体方法和技巧，并交流未来的时间里缓解压力的行动计划。指导者可以采用提问的方式，询问成员事件发生至今都做了什么，是如何调整状态的，都采取了哪些具体的行动，未来打算怎么做等。

（六）重新出发

领导者引导成员重新回顾过去的经历，逆向思考。虽然危机事件对我们的心灵造成了冲击，但是在这次危机事件中我们都学到了什么？有什么经验是值得我们学习的？我们从中是否得到了历练和成长？对于我们迈向未来的人生征途是否有意义？通过一系列的提问，引发成员对事件的重新认识和思考。筛选转介，通过会谈之后，指导者发现的心理创伤比较严重者（如已经严重影响到日常生活和工作），需参加后续的药物治疗和心理治疗或转介精神科进行进一步治疗。

A＆C模式属于一种结构式的会谈，领导者可以根据实际不同的情况做一些灵活的调整，比如说可以适当地加一些环节，提问可以更加有针对性等。领导者要创造一个良好的谈话氛围，让成员感到安全，可以敞开心扉与其他团体成员共享自己的心声，尽量每一个人都能发言。当然，如果有极其不愿在团体中发言的成员，也不要勉强，让下一成员发言即可。如果参加人员较多时，可以分几个小组同时进行。通过这种模式的会谈，可以使受到危机事件影响的成员感受到人文关怀。同时，传授给成员危机事件后心理应激反应的相关知识和积极的应对方式，让成员更加客观理智地看待危机事件，尽快从危机事件的阴影中走出来，并从事件中得到自我成长。

第五节　团体心理辅导与干预借鉴方案

【团体心理辅导方案】

放松身心　排遣压力

【辅导对象】道路交通事故救援人员（人数30～50人）。

【辅导理念】压力无处没有，压力无处不在，交通警察，长期面对维护交通秩序和处理交通事故的职业压力。时感疲惫不堪，如山一样的压力无声的损伤着他们的身心健康。通过开展对交通警察的团体心理辅导，使他们学会有效排解心理压力，化解心理困惑，缓解紧张状态、调节情绪、疏泄抑郁、清除心灵垃圾、拓展心灵空间，聚集职业和生活的正能量。

【辅导目标】情感目标：体验感受身心放松的生命状态和生命注入的正能量。

认知目标：认识理解科学的压力管理模式对身心健康和避免职业倦怠的应用。

能力目标：训练培养调整自我身心健康的技巧。

【重点】认知理解科学的压力管理模式。

【难点】训练培养调整自我身心健康的技巧。

【辅导方法】小组游戏、活动为主，讲授为辅。

【建议时间】约3小时（180分钟）。

【辅导操作程序】

1. 操作准备：

（1）助教4人；

（2）普通场地、与参加人数相等的椅子、一张黑板或者白板、大白纸、彩色笔，有多媒体音响设施；

（3）音乐《警察之歌》、《再见警察》、彭丽媛的歌曲《感谢》；

（4）交警执勤、救援、处理交通事故的图片；

（5）多媒体课件。

2. 操作流程

（1）通过热身活动渲染全场气氛，体验身心放松的感受，导入主题；

（2）通过头脑风暴法，排解身心的压力，探索内心的压力；

（3）通过讨论心灵点击，认知科学管理压力的理念；

（4）通过团队协作游戏，相互激励，获取团队的力量。

3. 操作环节

（1）开场及温馨建议：告知辅导目标、形式、内容及协作要求及辅导中注意的事项。

（2）热身活动——摘水果比赛

第一步　将参与人划分为摘“苹果”、“草莓”、“香蕉”的人。一个助教为“园丁”。

第二步　说明游戏规则。

①听到“摘苹果”的指令所有摘“苹果”和“园丁”的人举起双手做摘苹果的动作并抢换位置。没有抢到位置的人，意味着没有摘到“苹果”，变为“园丁”。

②听到“摘草莓”的指令所有摘“草莓”和“园丁”的弯着腰做摘草莓的动作并

抢换位置。没有抢到位置的“草莓”意味着没有摘到“草莓”，变为“园丁”。

③听到“摘香蕉”的指令所有摘“香蕉”和“园丁”的人举起双手做摘“香蕉”的动作并抢换位置。没有抢到位置的人意味着没有摘到“香蕉”，变为“园丁”。

④听到“摘水果”的指令所有的人和“园丁”都要举起双手做摘“水果”的动作并抢换位置。没有抢到位置的人意味着没有摘到“水果”，变为“园丁”。

第三步　主持人根据辅导气氛，反复多次发出“摘水果”的指令，直到参与人流动起来，放松身心为止。

第四步　请当过“园丁”的人出列，并按照主持人指令展示风采。

第五步　主持人导入：水果摘完了，期待大家带着自己的收获和爽快的心，轻松的身体进入今天的课堂。

（3）小组活动：脑力震荡——感受、宣泄心理压力

第一步　将参与人划分为8～10人的小组。

第二步　小组成员相互认识，并选出组长和副组长负责组织辅导活动。

第三步　大脑风暴“压力是什么？”小组的人围成圆圈坐好，集体一边双手击打自己的双腿一边重复发问：“压力是什么？”以某个人为起点，每个人都要回答：“压力是……”。要求每个人的回答不允许重复前面的教师说过的内容。限定在一分钟内比赛每组能回答出多少种“压力是……”。并由其他组交叉派人记录。

第四步　每小组根据“脑力震荡”内容总结，交通警察的主要心理压力有哪些？

第五步　小组派人进行交流与分享总结结果。

第六步　主持人总结分享。

①伴随着《警察之歌》的音乐播放一组交通警察的职业工作图片。

②理念点击：有一位哲人曾说：“只要有人类存在就有压力”。压力“是当你感觉到加诸你身上的需求和你应付需求的能力不平衡时，心理和生理的反应”。通俗一点来说，就是人们正要起来对抗某事，但不确定自已是否有足够能力去应付那个挑战。或是，你觉得那太简单了，根本就不值得去对付。变化与竞争是当今世界的两大特点，面对变化和竞争的刺激，从普通民众到达官巨富，压力如同挥之不去的空气，蔓延至社会各个角落。交通警察的职业是应激的职业，维护交通秩序责任重大，处理交通事故要求及时、公平和公正，交通警察有较高的责任意识，可现实的成就感不像其要求职业责任那么明显。因为警察面对的是社会形形色色不同层次的人群，有的人无视交通法规肆意违反交规，还无理取闹，有的人随便停车阻碍交通畅通，有的人交通法律意识淡薄，肇事后逃之夭夭。作为交通警察，最大的需要是在工作中获得他人的尊重，然而交通警察付出的劳动和他们所得到的回报往往是不平衡的。面对着社会

的要求和人们的期待，交通警察必须花费加倍的时间与精力面对工作，然而，交通警察长时间的苦心劳动时常得不到社会的理解，使交通警察产生心理冲突和挫折感，长此以往导致交通警察身心疲惫，造成极大的心理压力。今天让我们来共同探索排解交通警察心理压力的途径和方法。

（4）小组讨论：面对压力

第一步　小组讨论

①警察职业意味着什么？

②自己产生压力的主要因素是什么？

③自己排解压力的主要方式有哪些？

④影响警察成就感的因素有哪些？自己可以控制的因素有哪些？将讨论结果写在大白纸上。

第二步　各小组分享。

第三步　主持人理念点击。

生存本身就是在体验压力，没有压力本身就是一种压力。

可分为正性压力和负性的压力。正性压力，使生活更愉快、更有趣，这种压力提供刺激和挑战，对发展、成长和改变是必要的。负性的压力，则会让你焦虑易怒，使精神沮丧挫折，还会缩短生命。是对一些外在或自己强加给自己的压迫反应，会让身心产生不希望的变化。压力并非单一事件刺激导致，同一件事，不同的人感受到的压力有不同。两个人对同样刺激的反应，一人可能根本不在意，而另一人却觉得压力很大。哲学家认为“人类不是被问题本身所困扰，而是被他们对问题的看法所困扰。”心理学认为：我们习惯的认为压力是一种不良现象，但并非总是如此，压力本身是中性的，人们对压力的感受取决于自己如何对待外界的刺激。没有压力的生命就像一潭死水，没有流动的可能。完全脱离压力等于死亡。适度的压力状态是个体、群体创造最佳绩效的必要条件。

（5）游戏：“蜈蚣翻身”——排遣压力

第一步　将参与人分成人数相等的两个大组，推荐产生两位组长，站成两路横队。

第二步　每组组员手拉手将手举起形成一条“大蜈蚣”，开始练习一下“大蜈蚣”跑动翻身，达到组员彼此协调一致的目的。

第三步：蜈蚣翻身训练(训练5分钟)：确定每条“蜈蚣”的头、尾，要求从“蜈蚣”尾（最后一个人）翻转身子从第二、第三人手与手之间，第三、第四人的手与手之间……两人手与手之间的空隙处钻过，直到钻过最后面的两个人手与手的空隙，其他组员必须在手拉手的状态下，跟随蜈蚣“尾”完成相应的翻身动作并钻过所有人手与手之间的空隙，直到整条蜈蚣头、尾完全转到了相反的方向（将原来的头转到在尾的位置，尾转到头的位置）。

第四步　蜈蚣翻身比赛，蜈蚣翻身用时最少的小组获胜。

第五步　分享其突围的感受。①翻过来了吗？②游戏过程中你有什么感受？③怎样才能有效翻过了？

第六步　主持人理念冲击。

游戏中无论是被“团队”或者“个人”都面对着强大的压力，都试图去完成自己的目标，游戏告诉人们：生活中难免有压力，而有压力，不完全是坏事，压力来时，会透过“身体”发出警讯促使人找出压力源，从而去探寻排解压力的策略，进而消除压力。面对压力，人们需要磨炼水一样的柔性，水不能把大山移走，也不能在大山中开道凿渠，只能沿山而流，依山而行，无论山有多高，渊有多深，水都宁静的流着，有点不急躁和不抱怨，职业的环境我们无法改变，职业的心情我们可以调整。关键的是人们要去寻找调整突破点，而是否能找到突破点与团队的策划和个人的眼光有关系。像水一样流淌的突破点是改变自己，发自内心的，完全自愿的接受环境是主动改变自己的突破点。

排解压力的策略：

①改变你的“工作”观念上的误区：

第一，工作就是我的一切，工作使我有成就感。离开办公室就不知道该做什么，工作可以使我逃避另一种生活。第二，单位离不开我，我是不可替代的，我只有工作的权力，没有休息的权力，发生问题时如果我不在现场，我会内疚的。组里的人都等我去组织、指挥、协调。第三，任务太多，不得不加班加点，只好放弃休息、学习和娱乐。

图4-5　分享排解压力的妙招

②管理时间：事情总有先后次序，过于执著或要求完美，只会带来心理负担。合理配置你的工作、生活、学习和休息时间。绘制时间分配的“饼型”视觉缓解图，即工作时间、家庭生活、社交与公

益活动、健身与文化生活、学习、睡眠的比例，并要求自己尽力去执行。

③优化问题解决策略：提高自我效能感，自我效能感是个体对自己行为的动机、认知能力以及行动能力所持有的信念。如何提高自我效能感？简单地说，就是要优化个体的问题解决策略。如果个体有效地解决了问题，就能增强自我效能感。具体的方法有：问题性质与程度的判断，对问题原因的剖析，形成多种方案，积累问题解决的经验，大胆尝试，对解决过程进行反思等。这些策略，可以通过读书学习、听报告和经验介绍、参加培训等途径获得。

④提高业务能力：提高业务能力是减轻压力的最根本方法。当个体感到外界的要求超出自己的体力、精力和能力的时候，就会感到压力，出现心理上的紧张。因此，能否适应外界的要求，起决定性作用的是个体是否具备足够的体力、精力和能力。而在这三者之间存在一定的关系，那就是，个体所具备的能力与体力和精力的支出成反比。也就是说，越有能力，体力和精力的支出越少。

⑤完善自己的支持系统：用心完善自己的血缘关系、亲密关系、社会关系，从中获取有效的资源支持自己排解压力。

（6）团体聚焦——心愿与告别

第一步　每个小组用5分钟的时间，将辅导的感受写、画在大白纸上。

第二步　伴随《再见警察》的音乐和歌声，助教将每个小组写、画好的大白纸拿好站在前台让所有参与人员浏览。

主持人朗诵：春天不是季节而是内心，生命不是躯体而是心性，老人不是年龄而是心境，人生不是岁月而是永恒。（摘自杭州灵隐寺）

利用好自己的现有资源活出自己的最佳状态是生命永恒的主题。

第三步　伴随《感谢》的音乐和歌声辅导教师和参与人员握手或拥抱告别。

【心理危机干预方案】

化解哀伤　漫步明天

【辅导对象】交通事故中丧失亲人的群体（约15～20天）。

【辅导理念】哀伤即伤心、难过。主要指一个人在面对损失和丧失时出现的内在生理、心理反应，主要包括情感和认知的部分。

悲伤辅导是针对近期丧失亲人的人，协助他们完成哀悼的任务；并针对那些悲伤反应欠缺、延缓、过度或过久的人，协助他们辨认和解决障碍，接受丧失的现实，完成哀悼，化解分离冲突，慢慢恢复正常的生活，增强走向明天的信心。

【辅导目标】情感目标：觉察自己在丧失中的情感、心理、行为反应状态。

认知目标：认识理解自己情感反应的合理性，并接纳丧失的现实。

能力目标：调整身心，走出丧失的心境和处境，激活身心正能量面对现实生活和社会。

【重点】认识理解自己情感反应的合理性，并接纳丧失的现实。

【难点】调整身心，走出丧失的心境和处境，激活身心正能量面对现实生活和社会。

【辅导方法】音乐冥想、自我觉察为主，空椅子对话、讲授为辅。

【建议时间】约120～150分钟

【辅导操作程序】

1. 操作准备

（1）助教2人；

（2）场地和材料：普通场地、与参与人数相等的椅子、参与人数三倍的A4纸、一个金属盆、胶水、剪刀、0号大白纸2张、彩色笔、打火机、多媒体音响设施；

（3）情绪脸谱图；

（4）轻音乐：《你好吗》、《清晨》、《秘密》、《丧失》、《忧伤》；

（5）歌曲：黄思婷《海阔天空》、张惠妹《爱是唯 》、群星《手握手》、张学友《祝福》；

（6）多媒体课件。

2. 操作流程

（1）通过热身活动体验身心放松的感受，导入主题；

（2）通过自我觉察感觉丧失的身心的反应，感受丧失的身心压力；

（3）通过音乐冥想和空椅子对话活动、正视接受丧失的客观现实；

（4）通过音乐冥想和告别活动，唤醒对现实生活的情愫和心理动力。

3. 操作环节

（1）开场及温馨建议：告知辅导目标、形式、内容及协作要求及辅导中注意的事项。

（2）热身活动——按摩温暖你

第一步　自我按摩。伴随着轻松音乐《清晨》，所有的参与人面向内围成一个圆圈，每个人向自己左右两旁的人介绍自己。伴随音乐，根据主持人的指导语进行全身自我按摩。

第二步　伴随着轻松音乐《你好吗》，根据主持人的指导语相互按摩。

所有的参与者原地向右转，将双手伸到自己前面的参与者的头上，按照主持者的指导语给予前面的参与者身体按摩（从头按摩到腰）。

第三步　自由分享：刚才的活动，让自己有什么感觉和启示。

第四步　主持人总结。

提示：在人生的旅途中，为了生命的现实需要，人们时刻需要进行身心调整，在调整中有些黑暗只能自己穿越，但是穿过黑暗，我们一定能感受阳光的温度，有时候我们必须借助外力告别痛苦才能收获灵魂的深度，生活中一定有丧失，但不是所有的丧失都会是伤害。

（3）音乐冥想活动——闪回现场

第一步　音乐冥想：伴随《丧失》参与者根据主持人的指导语进行冥想。

主持人引导语：现在找一个自己最舒服的姿势，闭上自己的眼睛，慢慢的吸气、吐气，调整自己的呼吸。时间回到你刚听到意外消息的那一刻，当时自己正在做什么呢？感觉一下自己当时的心情，是震惊、害怕、悲伤，还是有其他的感觉？那时候的自己，脑中想到的是什么？自己的身体有什么不一样的反应？是心跳加快、呼吸急促、还是喘不过气？请自己细细地去体会它，并且接纳它，不用感到害怕，这些都是正常的。面临这样重大的事故任何人都会有些反应，虽然每个人的反应不尽相同，但这都是正常的，请自己不用担心或害怕。

第二步　下发情绪脸谱，请参与者在符合自己心情的脸谱中涂上颜色，并分别写下当时与此刻的想法、行动、及身体反应。二人一组彼此分享。

引导语：现在我要发下情绪脸谱，这里面有多种不同的表情，请你在当中选出符合自己心情的脸谱，并涂上颜色，然后找一个人与他分享，不要觉得不好意思，无论自己有什么样的情绪都是正常的。现在请进行二人对话分享彼此的感受。

第三步　群体交流。

①当时自己主要有哪些反应（认知、心理、行为）？②自己现在的感觉和心理体验是什么？邀请有相同情绪与身心反应的参与者举手。

第四步　主持人总结。

提示：人生在丧失中成长。诸如：因出生而失去在母腹中那份舒适与安全的感觉；因弟妹的诞生而失去过去那份无需与别人分享的父爱与母爱；入学象征着我们与父母进一步的分离；青春期的种种身体变化提醒着我们儿时不再；失恋、单恋或暗恋都意味着付出的感情得不到相应的回报；毕业、就业和失业、下岗都意味着告别了曾为我们提供保护与哺育的学习和工作环境。

成长性的丧失还包括：结婚；儿女的出生；工作的升迁；搬家；子女长大离家；父母离世；自己身体机能的退化、空巢、年老、患病、退休、老朋友与配偶陆续辞世……

但是，有些突如其来的事件，让人们不得不面对预想不到、无法回避、无法接受、不堪回首的丧失，因此，人们会陷入前所未有的哀伤和痛苦不堪的心境和现实中，于是人们会产生强烈的生理、情绪、心理、行为反应，甚至这些感受与反应可能如潮水般或強或弱反复涌来，而这些都是哀伤过程的正常体验，这是人之常情的正常反应。在这个过程中大部分人通过自己的调整能够慢慢的度过哀伤的非常时期，有的人可能借助外在的支持系统尽快的跨越丧失与悲伤堤坝。我们今天就来借助群体的力量试着化解哀伤，慢慢地步入常态生活。

（4）音乐冥想与空椅子对话——面对现实

第一步　音乐冥想。伴随轻音乐《忧伤》参与者根据主持人的引导语进行冥想。

请每个人慢慢的坐到自己的椅子上。伴随着音乐和引导语，静静感觉自己此时此刻的自己。

引导语：请你将眼睛闭起来，调整姿势尽量让自己感到舒服，检查身体有那一部位是紧张的允许自己放松，再将注意力放在呼吸上，调整呼吸的速度，慢慢的吸气再慢慢的吐气，让吸入自己身体的空气沉到丹田，再到达身体的每个部位，让吸进来的每一口空气滋润身体的每个部位并带来力量，每吸进一口气都让自己感觉越来越放松越来越有力量。

一直与你朝夕相处的他（她）突然因为××事件而意外离世了，原来以为可以一起相伴生活，永远在一起的人突然消失了，过去你和他（她）相处的点点滴滴还历历在目，你们在一起吃午餐、一起聊天、一起看电视、旅游……，听到这个令人心痛的消息可能对你生活、学习、情绪上带来很大的影响，在情绪方面当时你可能感到震惊、不敢相信，甚至有罪恶感、恐惧、愤怒、痛苦、沮丧等，这些情绪都是自然而正常的，请你接纳这些情绪，让这些情绪自然流露，如此可以让自己较顺利的走过悲伤，重建正常的生活。

现在请你允许自己去碰触内心深处对他（她）的情怀，去体会一下内心的感觉，你与他（她）是否有些约定还来不及去做；或者你曾经对不起他还来不及道歉；他对你的帮助与关心你还来不及表达感谢；或者他（她）曾经伤害你还来不及向你道歉，你们中间的误解来不及化解……。请将这些未了的情感和自己想对他说的话准备好去说出来，然后平静地向他道别，虽然他（她）已不在身旁，但相信你的心意他（她）可以接收到，若你已准备好请慢慢地睁开眼睛准备向他（她）表白。

第二步　空椅子对话

引导语：慢慢地从自己所坐的椅子起来，站到椅子的对面，闭上双眼想象自己失去的亲人就坐在对面的椅子上，充分自由的想象他（她）常有的语言、表情和行为举止，想象他在此时此刻最可能对自己说的话，听到他所说的话后，慢慢睁开自己的眼睛心平气和的将自己想对他说的话说出来。说完自己想说的话之后，与他（她）道别，确认他（她）离开了你，然后自己慢慢的坐到自己的椅子，将双手放在自己的胸前感觉自己的心跳。

第三步　音乐冥想。伴随轻音乐《秘密》参与者根据主持人的指导语进行冥想。

选择舒服的姿势，做好深呼吸让自己放松。伴随着音乐和引导语来感觉现在的自己。

引导语：静静感觉此时此刻的自己。请闭上眼睛，慢慢的呼吸，伸出自己的双手，托着自己的下巴，请随着我的语言，慢慢的轻轻的从下往上抚摸自己的脸面，上……停，静心感受自己脸的皮肤和温度，下……停，静心感觉自己下巴的轮廓……停，啊，想象主动面对未来的自己，联想主动面对生活的自己，现在自己把双手抱于胸前，感受自己心脏跳动的频率，心脏随着主动脉在自主有力跳动，请感受在十秒钟跳了多少次，啊，我的心跳动的非常有力，充满了激情和爱的温暖和活力，啊！现在的自己是一个有动力的自己，我要主动爱我自己，珍惜自己的生命，轻轻地对自己说，“我爱自己，我要主动珍爱给我生命动力的人”，对他们说，“我爱你们”，对给予爱和帮助、支持自己的人说，“谢谢你们，因为有你，我的生命才更丰富多彩”。对自己说，“我相信我自己，我会主动面对现实生活……，我相信我自己，我爱自己，我会自主自动去调整主动面对现实生活。”请用双手抚摸自己的脖子、胸膛、感觉自己心跳的旋律，慢慢地站起来，睁开眼睛，将自己的双手收缩到自己的腋下，张开手掌从上往下慢慢地按摩自己的身体：两肋——两腰窝——两臀部——慢慢地按摩直到自己的脚踝，慢慢地从下往上按摩自己的身体，脚踝——小腿——大腿——两臀——两腰窝——两肋——两胸——两肩——脖颈——风池穴——头皮，慢慢地双手往上伸，合掌尽量往上伸，拉伸自己的身体，一、二、三、四，一、二、三、四，停！两掌分开，呼气，双手慢慢放下，坐到椅子上，闭上自己的眼睛坐下。播放张惠妹的《爱是唯一》音乐完毕。请睁开眼睛站起来。

（5）告别活动——灵魂飞翔

第一步　给每个人三张A4纸。

第二步　每个参与者用其中的一张A4纸自己亲手制作一个信封。用另一张A4写一封信给逝去的亲人。

第三步　每个人将写好的信放开声音念一遍，然后将信装入信封，用胶水封闭，在信封上写上收信地址、收信人、发信地址、发信人。

第四步　伴随着黄思婷《海阔天空》音乐。每个参与者用打火机将信燃烧在金属盆里并浇上水，让助教抬到辅导场外面进行处理。

第五步　主持人总结。

提示：人的生命历程包括过去——现实——未来三个相互连接的空间，过去对于每个人而言，已是流逝生命，我们只能无条件的接受。面对现实，活在当下，做自己应该做的力所能及的事情，我们才能积聚走向未来的正能量。心向哪里，人就将走向哪里，用智慧去感受自己的现实，用心念去确定自己的方向，用心去追逐自己的目标，让自己活得更好。

（6）雕塑明天与相互激励——活在当下

第一步　参与者、助教手握手围成一个圆圈伴随《手握手》音乐摆动身体。

第二步　描绘未来蓝图。每个参与者回到自己的位置，在剩下的一张A4上描绘自己对明天生活的蓝图——可以用语言描述，也可以用图画描述。（助教将彩色笔放到场地的中间供选用）。

第三步　参与者将描绘好的蓝图交给助教贴在大白纸上。

第四步　参与者选一支自己喜欢颜色的彩色笔，在另一张大白纸上，在另一张大白纸上写下自己最想说的话。助教将大报纸贴在相应的位置，每个参与者在自己喜欢的话后面画个圆圈。

第五步　参与者围坐成U字型。在祝福的轻音乐声中，两个助教分别簇拥两张大报纸缓缓从每个参与者身边走过，展示内容。

第六步　主持人总结。

提示：逃避不一定躲得过，面对不一定最难受，孤单不一定不快乐，得到不一定能长久，失去不一定不再有，转身不一定最软弱，别急着说别无选择，别以为世上只有对与错，许多事情的答案都不是只有一个，所以……我们永远有路可以走！曾经（现在），……，我（他）感到……因此，…… 而现在…… 我选择…… 我将……

第七步　伴随《祝福》的音乐和歌声辅导教师和参与人员握手或拥抱道别。

【注意事项】哀伤辅导是一门非常专业的心理干预，要求主持人具备专业心理治疗资格，并具有深厚的心理干预功底和强大的生命能量，否则会给参与人造成二次伤害，同时给主持人也带来伤害。因此，方案仅供参考，请读者谨慎觉察自己的状态。

第五章 道路交通事故救援工作者心理援助

5

由于交通事故的专业救援人员经常直面各种交通事故场景，近距离反复地救助各种遇难人员、伤残人员，处理各种交通事故，因此救援人员会对死者、生还者或创伤者产生不同程度的同情和怜悯，加之体力的严重消耗，心理免疫力下降，就会出现严重的身心困扰等。这些问题会导致救援人员躯体、心理和社会功能等多方面出现不适或障碍，若得不到及时的咨询或辅导，极有可能因自我压抑而逐渐转化为严重的心理问题。经常参加道路交通事故救援的人员轻的可能患上乘车恐惧症，严重的甚至会导致性情暴躁，性格改变。心理学的研究表明，无论是事故的受害者，还是看到创伤情景的人，都有可能患上创伤后应激障碍（PTSD）；如果持续下去，患PTSD的人也可能同时患上重度抑郁、物质滥用和性功能障碍等问题。因此，救援人员也应该成为需要他人救助的“救援对象”（图5-1）。

图5-1　重视救援工作者的心理问题

由于长时间、近距离地直面惨烈的交通事故现场，救援人员可能会存在心理上的疲惫或疾病。

第一节　道路交通事故救援人员的心理应激

一、救援人员的心理特点

（一）面对异常惨烈的道路交通事故，现场情况复杂，易使救援人员丧失救援信心

有的交通事故发生在边远地区，交通不便；有的事故发生在夜间；还有的是连环事故，给救援工作带来很大的困难。人们在遭遇交通事故后都会打110、120电话求助，打过之后就焦急地等待。救援人员到来之后，求救者就把希望全部寄托在救援人员身上，甚至还会把焦虑和愤怒转移到救援人员身上。但交通警察、医护人员和交通系统的员工也是人，也没有超自然的力量。当看到有人卡在车内无法救出的时候，他们也会焦虑紧张；当受伤者因伤势过重在他们面前离世的时候，他们也会感到自责，无法忘记求救者哀求的眼神；当事故造成严重拥堵的时候，他们也会感到能力有限。这些，都会构成应激事件，如果得不到及时处理，也会患上心理疾病。

（二）心理素质不过硬易导致认识功能障碍

在救援中，救援人员身临其境感受灾难带来的巨大损害，亲眼目睹各种极度不可抗创伤性事件的发生，改变了其原有的某些固有信念，从“认为这些事不会发生在自己身上”到“随时可能发生”；从“认为世界很有序”到“无法预料”等，从而沮丧于人类的渺小和无能，心理上易对环境产生失控感、不确定感，对自己、生活和人类失去信心，丧失活动能力与兴趣。在认知方面主要表现为注意力不集中、反应迟钝、推理和判断能力下降、缺乏自信、无法做决定、健忘、效能降低、不能把思想从危机事件上转移出来等。

（三）工作的危险性易导致情绪波动

交通事故救援人员工作危险性大、环境艰苦恶劣、不确定因素多，易使人产生烦躁、易怒、恐慌、焦虑、缺乏安全感等负面情绪体验；许多救援人员第一次目击伤残、面对流血死亡事件甚至同事的离去，心理受到强烈的冲击和震撼，易产生强烈震惊、严重恐惧、过分敏感或警觉、悲观绝望、弥漫性的悲伤、痛苦等不适度的消极情

绪情感反应；面对竭尽全力、付出巨大却没有任何收获的救援挫败事件，会使其出现不恰当的内疚、自责、郁闷、否认、无助、罪恶感等情绪障碍。这些不健康的情绪、情感如果得不到及时、适当的调适与辅导，将会更加强化救援人员的无助感、丧失感和厌世感，甚至导致人格发生改变，严重损害其身心健康。

（四）持续的心理异常易导致生理和行为的改变

长期工作在救援一线，强烈、持续的心理异常易使救援人员发生生理和行为上的改变。在生理方面主要表现为肌肉高度紧张、肠胃不适、腹泻、食欲下降，头疼、疲乏、失眠、做噩梦、易受惊吓、感觉呼吸困难等。在行为方面主要表现为害怕见人、暴饮暴食、容易自责或怪罪他人、不信任他人，以及出现躲避和警觉反应，或者逃避现实，出现强迫行为，操作技能水平降低等情况。

二、救援人员的心理应激

（一）救援人员产生应激的原因

与许多人所想的相反，往往不是惨烈的交通事故造成了救援人员的心理应激。一般情况，救助工作者会意识到救死扶伤的意义，从而能够应对自己所面临的情境。救援者的应激反应常常是由于工作边界不明，各救援部门沟通不畅，得不到群众的理解，或是饮食和休息的基本需要不能满足造成的。

1. 超负荷的工作导致救援人员产生应激

在惨烈的交通事故现场面临紧急的救援任务时，需要救援人员长时间全身心地投入救援工作，常常无法顾及自身的饮食、休息甚至安全的需要，使自己的身心长期暴露在压力环境中，令人筋疲力尽，导致心理应激。

2. 救援难度大，各部门沟通不畅，救援工作不能顺利进行导致救援人员产生应激

交通事故伤情复杂，还有因事故造成的车辆损坏，道路拥堵等具体情况。救援任务复杂，时间紧迫，需要各相关部门的及时沟通和紧密配合。但由于交通事故是一种无法预知的突发事件，也是一种小概率事件，救援人员不可能随时做好一切准备，各部门之间也难以做到完全协调一致，因此导致救援工作不能顺利进行，因而导致救援人员产生应激。

3. 工作内容复杂，边界不清导致救援人员产生应激

当处理重大死伤事故时，救援人员要协助家属处理丧葬、治疗、理赔等一系列复

杂的工作，还要陪伴和安慰情绪激动的受害者家属，甚至要处理聚众闹事的群体事件。这些复杂的救援任务使救援工作复杂化，超出了救援工作的边界，使救援人员不想面对，却又不得不面对，从而导致心理应激。

4. 群众的不理解或期望过高，导致救援人员产生应激

当身着制服的交通警察、路政、消防、医护人员来到事故现场的时候，他们常常被当成超人，并被去个性化。当救援工作进展不顺，特别是生命救援失败的时候，失去理智的受害人会把愤怒投向他们，甚至把平时对社会和政府的不满发泄到他们身上。这样，一方面使救援人员感到永远无法满足受害人群的需要，另一方面又让他们感到得不到理解和尊重，从而导致心理应激。

救援人员可能需要压力调节的征兆

- 交流思想困难
- 非正常地爱好争论
- 有限的注意力范围
- 颤抖/头痛/恶心
- 类似感冒或流感的症状
- 注意力难集中
- 容易焦躁
- 下班时仍然无法释怀
- 拒绝离开现场
- 不正常的手脚笨拙
- 保持平衡困难
- 作决策困难
- 不必要的冒险
- 视力减弱/听觉减弱
- 无指导性或混乱
- 失去目标
- 无法投入解决问题
- 拒绝执行命令
- 药品或酒精的需求增加

5. 与家人分离，不能照顾家庭或得不到家人支持导致救援人员产生应激

救援人员，特别是交通警察，日常工作就很忙。如果遇到交通事故，就更是要夜以继日地的投入事故救援工作。常常无法顾及家庭，内心欠疚。如果家中还有急需解决的实际困难难以解决，就会产生心理应激。

此外，还有很多会导致救援人员产生心理应激的原因。比如上级主管部门和领导过高的要求，经济收入不高，工作环境污染等，也会导致救援人员的应激。

（二）救援人员过度应激的状况

1. 肾上腺素变干
2. 免疫系统和认知功能被削弱

3. 精疲力竭

4. 效率变低

5. 产生疾病和事故的增加

6. 累垮

如果救援人员经常经历交通事故，他们在生理上和受害者一样受到影响。最终，员工肾上腺素变干，免疫系统和认知功能削弱，变得精疲力竭以及效率低下，疾病和事故变得频繁，精疲力竭开始出现（图5–2）。

图5–2　他最近怎么了?

某个人累倒时，可能存在有以下几种情况：

- 迟到早退
- 遇到困难时责备他人
- 对服务对象缺乏同情心或是表示出漠不关心的态度
- 将大量时间花费在工作以外的事情上
- 急躁易怒
- 退缩
- 在记忆、信息处理或作出决定方面存在困难
- 爱哭
- 情绪暴躁
- 似乎“被黏住了”，重复谈论或是思考某一件具体不幸的经历
- 过份抱怨

三、救援人员的同情疲劳

救援人员的同情疲劳（图5-3），对于执行灾难救援任务的灾后心理危机辅导的工作人员而言，尤其是个问题。长时间的工作，再加上听说那么多关于伤亡、不幸以及令人愤怒的事情，即使对那些在现场亲身经历过这些事情的人而言，也会形成视觉或听觉疲惫。

救援人员脑海中总是浮现自己以前的创伤性经历

图5-3　救援人员的同情疲劳

同情疲惫的症状可能会突然出现，但恢复起来也是非常迅速的。灾后心理危机辅导的工作人员可能发现自己身上表现出下列的症状，比如：

（1）重新经历或体验一些创伤性的事件。

（2）刻意避开一些可以让你联想到创伤性事件的人或事。

（3）常常被一种无助和困惑的感觉包裹。

（4）与幸存者距离越近，就越同情他们，而没有保持应有的专业距离。

（5）与受助者之间刻意拉远关系，过于疏远使得自己的同情能力受到削弱。

（6）脑海中总是浮现自己以前的创伤性经历。

表5–1所示为同情疲惫心理或身体方面的表现症状。

同情疲惫心理或身体方面的表现症状　　表5–1

症状指标	症状表现
心理方面	愤怒
	抱怨
	郁闷
	个人成就感不断减少
	心理疲惫
	对自己期待值过高
	绝望
	不能保持主客观之间的平衡
	越来越易怒
	感觉快乐的能力下降
	自卑
	工作狂
身体方面	过度用药、酗酒或者暴饮暴食
	经常性头疼
	身体乏力
	睡眠障碍
	肠胃不舒服

第二节　救援人员的替代性创伤

一、替代性创伤的含义

所谓灾后替代性创伤，主要是指救援人员在目击大量悲惨、破坏性场景或听闻创伤者遭遇的心理创伤后，其损害程度超过自身的心理和情绪的耐受极限，从而间接导致各种心理异常的现象。

在危机辅导中，对于专业创伤救助的工作者而言，替代性创伤是一种职业风险，因为这种工作不能保护工作者不去想曾经发生的创伤事件，也无法保护幸存者不去经历他们已经经历的事件。所以工作中救助工作者常常被迫去目睹创伤的发生，这样的处境本身就给救助者造成了极大的创伤（图5-4）。

小王是一个刚工作两年的交通警察，在几天前的一次特大交通事故救援中，他和同事为了抢救一个卡在驾驶室里的驾驶员，想尽了一切办法。但事故驾驶员因伤势过重，死在他们面前。临死前还在和小王说，求你们救救我，我女儿还在上小学。

此后小王无法忘记那双盯着自己的眼睛，觉得自己没有尽到救人的责任，辜负了别人的信任，不配当一个警察。

图5-4 救援者的创伤

有些有经验的救援人员，在面临灾难情景时，会自觉地寻找和发展出一些自我保护的办法，使自己不会过度地暴露在悲伤情景中。但是对于一部分缺乏经验的救助者来说，他们会无法避免地受到求助者遭遇创伤事件的影响，进而使自己造成创伤。

二、常见的替代性创伤人群

（一）现场救援人员

1. 专业救援人员

参加交通事故现场救援的人员，是心理问题发生的高危人群。在救援工作中，时间就是生命，为了尽自己最大的努力抢救人民群众的生命和财产，不仅他们不断挑战生理极限，而且他们的心理也遭受着残酷的挑战。同时他们又是普通人，他们与常人一样，也会在危机事件中出现紧张、恐惧、悲痛等情绪，因此这两个角色经常发生冲突，致使他们身心疲惫，心理问题时有发生。高强度的救援工作，使他们极易出现失眠、胃疼、食欲下降、眩晕等躯体症状，同时在不断的应激状态下，他们还会产生内疚、自责等负性情绪，这就需要及时给予他们心理援助，减轻其心理压力。

2. 医务工作者

交通事故发生后，医务工作者要参与现场救助和专业治疗。在治病救人的过程中，要不断面对啼哭声、呻吟声，还有家属焦急的询问。有很多重伤者让他们无力回天，还有些伤者需要截肢，使得他们成了替代创伤的主要人群。多数医务人员在紧张的救援工作中出现疲劳，并伴有失眠、食欲下降、身体不适等应激反应，还有的医务人员由于不能有效救治伤员，出现自责、忧伤、焦虑等情绪。

3. 参与救援的相关人员

交通事故发生后，很多路上的行人也会参与救援。他们一方面充满爱心，有强烈的助人愿望，另一方面对自己的援助目标有较高期望，所以有一定的压力。他们在工作中，常常会接触极其惨烈的事故现场，需要面对受伤的重伤员和遇难者，有时他们会为自己没能达到理想的援助目标而深感内疚和惭愧。有时也会出现急躁易怒心理，甚至丧失了客观性，怨天尤人。他们与受害者有同样的恐惧、绝望、痛苦等情绪，甚至会失去既往的安全感。有些人会采取压抑自己的办法，更加努力的工作，不知疲倦，处于亢奋状态，这些表现也是替代性创伤产生的征兆。

（二）媒体工作者

交通事故发生后，为了解真实有效的现场救援情况，媒体工作人员要进行现场的采访，很多事故现场交通拥堵，人车混杂，每个人内心都充满了焦虑。媒体人员到达现场后，看到现场惨状，就会受到刺激。编辑图片和撰写稿子时，又再次受伤，所以各种各样的创伤心理反应，如闪回、焦虑、抑郁和饮食、睡眠障碍等时有发生。

（三）心理援助者

心理援助者在灾害发生后，有的心理援助者直接在一线为受灾群众及救援人员提供心理援助，有的心理援助者对返回的救援人员或大众进行心理辅导。

一些心理援助人员由于承担了大量的心理救援工作，希望自己能解决所有的心理问题，所以压力过大，结果造成了心理能量的匮乏，出现心力交瘁、疲惫不堪的现象。

从事危机事件心理援助与一般的心理咨询有较大的区别，就是心理援助人员自己也暴露在灾难事故现场，他们经常会遭遇死亡、受伤的场景和绝望、悲伤的情绪，他们每天要接触许多受害者，与受害者进行高度的共情。如果心理救援人员没有良好的心理素质，并且缺乏经验，或是没有经过相关专业培训，那么他们可能会产生替代性创伤。

三、替代性创伤的基本症状

灾害救援过程中，救援人员会有如下的压力源：救援人员损失或受伤，灾难创伤事件的刺激，救援任务的失败。救援人员要及时了解自己的压力源，并作出适当的调整，否则会导致以下症状的出现。

（一）职业倦怠和耗竭

救援人员常出现人际沟通困难及自我情绪耗竭和个人成就感下降等情况。他们出现体能下降、动机缺乏、自己想做的事情与现实差距太大，无法实现自己的工作目标等情况，有时甚至什么都不想做，也无法去做。

（二）出现社会性退缩

救援人员会出现人际关系中亲密感下降，他们有人际疏离的感觉，对人明显不信任。他们的这些问题主要是援助过程中被求助者投射的问题，结果导致某些援助人员回到后方后不喜欢与他人接触、交流，常把自己孤立和封闭起来，个人情感也变得迟钝了。

（三）绝望、软弱、内疚和羞耻

当救援人员面对惨烈的救援情景时常责怪自己没能更多、更好地救援受害群众，有时救援工作也不像想象得那样顺利，为此感到特别茫然和绝望，有时为自己的力量过于渺小而自责。尤其是无法给需要帮助的人提供帮助时，内心特别压抑，并产生了对幸存者的内疚感，觉得自己做得不好，因而十分羞愧。

（四）怀疑自己职业的价值

当救援人员竭尽全力但仍不能救出受害群众时，援助者会怀疑自己的职业价值，并开始质疑自己的工作意义。

（五）出现厌食、睡眠障碍，噩梦等问题

交通事故发生后，许多救援人员暴露在惨烈的救援现场时间过长，因而十分焦虑，他们出现了食欲减退、厌食等问题。同时在救援过程中时常表达共情，受到求助者不安全感的影响，出现噩梦等睡眠障碍。这往往是替代性创伤的表现。

（六）注意分散和决策困难

救援人员援助过程中，非常容易出现注意力分散和决策困难。救援者如果觉察到自己有这一症状以及其他相关症状，要立即进行自我调整或接受督导，否则会对求助

者造成伤害。

（七）内心本体感和平衡感的变化，难以体验强烈的情感

救援中，救援人员长期处于身体紧张状态，而且又暴露在灾害的创伤情景中，他们很容易出现本体感和平衡感失衡状态，表现为麻木、忧郁、肢体僵硬、难以放松等。某些救援人员采取超量的工作麻痹自己，因而无法体验到强烈的情感。

上述症状较多出现并持续一段时间后，如果得不到及时的清理，就有可能产生替代性创伤。

第三节　救援人员替代性创伤的预防和干预

一、替代性创伤的预防

（一）觉察

觉察是指救援人员要接纳和关注自己的不平衡状态，如觉察自己在需要、情绪和资源等方面是否不协调。救援者要觉察到自己内心是否发生变化，发生了哪些变化，通过觉察恢复自己情绪上的平衡。

（二）平衡

平衡主要是指救援人员的生活步调是否平稳，如是否能维持工作、休闲、休息的平衡。同时平衡也包含了内在的觉察和专注，以及找到放松和娱乐的方法。救援人员在完成阶段性的救援任务后，一定要给自己足够的时间与精力，来处理自己所出现的心理伤害，重建心理和社会功能以及新的平衡。

（三）联系

联系是指救援人员与他人和外界能够保持良好的沟通渠道，不断加强联系，开拓自己的内在需要、经验和知觉。救援人员加强自己和他人的联系是抵抗替代性创伤产生孤独的有效手段。

救援人员通常到达的事故现场一般都远离城市，事故现场艰苦的救援环境、紧缺的物质状况以及短缺的救援设施，都会让救援人员充满困惑。因为工作的需要他们必

须投入较多的精力建立各救援部门之间的合作关系。救援人员要经常与其他救援者交流、分享救援经验，同时也要和亲友保持联系，巩固和完善自身的社会支持系统。

按照上述原则，为了避免替代性创伤的出现，救援人员要做到以下几点：

1. 准确提供信息

实施救援前，要尽可能掌握一些准确信息，使援助人员清楚目前自己和周围的状况。

2. 轮流制

救援工作中，有些工作可以实行轮换制，包括轮换不同的岗位、轮换不同责任及不同应激水平的工作，以便降低工作压力。

3. 轮休制

救援工作强度非常大，因此要强制规定现场工作时间在6～8小时后进行较长时间的休息。对那些参与现场辨尸、搜救工作等高创伤刺激强度工作的救援人员需要每2小时休息一次。

4. 提供休息场所

救援工作中要尽量提供安全、隔离的休息场地，远离媒体和围观者。援助者不能一直和受害者或幸存者待在一起，确保他们有独处的时间。

5. 保持和家人的联系

尽量保持与家人、朋友的联系，维持良好的社会支持系统。

二、替代性创伤的应对策略

在替代性创伤的应对策略中，我们可以借鉴Saakvitne和Pearlman（1996）针对助人者的思想、躯体和经验，而设计和提供的有关思考、行动和情感的三类活动，每类活动都包含了一些练习，稍加修改后可以用于援助人员的替代性创伤应对中。

（一）团体思考活动

1. 分享替代性创伤

团体领导者协助救援者利用表格记录救援过程中的经验，并在团体中与其他成员进行交流和分享。

（1）诉说事件：如当时发生了什么事？救援过程中自己印象最深的是什么?最难处理的是什么事?自己最困惑的又是什么?

（2）表达心理反应：领导者协助救援者表达救援事件发生时的情绪、感受或想法。这个程序在团体联系中需要较长时间。

(3)关注自身的躯体反应：领导者协助救援者努力觉察自身的各种反应，如疲惫、恶心、头痛等，并协助对方去处理这些问题，如放松训练、适量地运动、听音乐等。

2. 分享成功的故事

讨论救援工作中有意义的事件，并讨论在此过程中自己得到的启示；或是与团体成员分享最近个人生活中成功的经验，以及自己的感受。

3. 分享专业生涯的改变

与成员分享在援助工作中或之后自己的内在改变，可以画出类似生涯曲线一样的图形。

4. 分享团体中的感受

请团体成员写下自己在团体中的感受和心得，并相互分享。

(二)行为活动

(1)放松练习。参加类似瑜伽的肢体舒展活动。

(2)亲近自然。到自然中去观赏，倾听，20分钟后集合，成员分享彼此特别的感受。

(3)丢垃圾。将自己不好的想法或感觉写在纸上，然后丢进垃圾桶内。

(4)再造生命。运用象征物或仪式治疗不良情绪，如用蜡烛传递爱心或关怀，用歌曲或欢笑声表达身体的放松，用手拉手象征彼此的支持等。

图5-5 放松身心，加强锻炼

(三)情感活动

采用主题活动（如心理剧）或艺术治疗的技术方法表达情感。通过情感活动使救援人员更好地感受到内心的情绪，并把这些情绪表达出来，通过分享或释放，重塑自己心灵。

三、救援人员的心理干预

救援人员在事故救援中发挥了重要的作用，针对此人群的创伤干预应有特殊的处理策略。

（一）干预目标

对一线救援人员心理援助的核心目标有两个：一是快速处理核心问题，恢复战斗力；二是预防未来创伤后应激障碍（PTSD）的发生。他们的核心问题是：创伤症状、痛苦体验的惨烈的刺激画面，干预需要做的是为他们植入温暖的理念或画面；阻断他们的创伤记忆与痛苦情感之间的联系，快速恢复他们的战斗力，降低PTSD的发生率。

（二）干预原则

对于一线救援人员而言，处理灾难造成的负性刺激画面，重新植入温暖的画面，对重建救援人员的心理平衡、重获工作的热情是非常重要。

（三）几种有效的干预技术

对负性画面的处理可采取以下几种干预技术进行，具体操作如下：

1. 破冰技术

首先干预者积极肯定救援人员的牺牲精神、顽强意志力和奉献精神。然后干预者介绍人在危机事件后会有哪些正常的身心反应，让他们明白这些都是正常的应激反应，不出现反而是不好的。最后，鼓励他们以正确、积极的态度面对自身反应。采用以上技术来进行破冰对于他们恢复战斗力是非常有利的。

2. 图片—情绪表达技术

首先，鼓励成员准确地描述救援中对自己影响最大的、总在脑海中闪回的惨烈画面。

其次，鼓励他们具体地表达他们的负性情绪是什么，如恐惧、悲伤、内疚等。之后，将这些负性情绪和图片一起打包。随着打包的进行，救援者的不良感受会逐渐模糊。完成后大家进行鼓掌，鼓励自己的勇敢。治疗师要鼓励大家谈出宣泄前后的感受。

最后，描述出让自己感到温暖的画面，该画面一定要让自己感觉到幸福、温暖。把温暖的画面不断强化后，慢慢地放置到原来被负性情绪占用的空间，它就被定格在脑海里。这时成员们要长时间地鼓掌。

3. 放松技术

该放松技术主要采用感受呼吸温差放松法，表现为大脑意识的沉静和放松。（图5-6）

首先请闭上双眼，让大脑的注意力集中在气流、鼻腔上，然后感受鼻腔气流的温度。

其次让气流随着呼吸直到肺部，让自己感觉气流在肺部、体内的交换，感觉到氧气的吸入，二氧化碳的呼出。

最后感受呼出来气流的温度，此时的温度要比吸入时候的高。如此往复，让自己感受这种吸气时的凉，呼出时的热，让自己感受这种呼吸温差的变化，达到放松。

图5-6　放松的方法

在这个训练中，当事人感受到的温差越清晰，说明他的情绪越稳定，注意力的转移越有效，精神达到真正的放松，使心理应激源对当事人影响减弱，尽快恢复了当事人的工作能力。

4. 心理行为训练

此训练的目的主要是通过肢体活动调动救援人员的活力，提高其注意力和对自身身心水平的关注。如，要求16个人在规定的时间里，构建任何图形，集体平移2米，但不能用脚触地。该训练是培养团队合作精神的，需要团队的协作才能完成活动。短时间内使援助者能提高凝聚力，也能让大家体验到成就感。

5. 心理剥离技术

这种心理剥离主要从四个方面进行。

（1）减少视觉接触

工作人员一旦离开工作现场，就不要继续谈论和这场事故有关的任何话题，特别是事故现场的细节。但可以谈谈自己的感受，以寻求相互支持。

（2）把负面刺激中性化，减少情感联结

一个刺激的可怕程度，完全取决于个人的理解，特别是如果发生了情感联结，就会不自然地把事故后的痛苦感带到自己身上。因此提醒工作人员，这只是一项需要完成的工作任务，达到目标，完成工作就好，不要让自己的感情陷在里面。更不要去想死者如何悲惨，他经历了怎样的情况等，这样可以帮助工作人员有效地减少和死者的情感联结，可以让他们把经历的负面刺激中性化。

（3）强调不幸事件的偶然性

当人过度把自己和负面事件联结的时候，就会扩大化，就会觉得生活变得黑暗无趣，觉得这就是世界的全部。因此在干预中要帮助他们摆脱这种不良的认知，比如在干预中常常让他们去想，在事发当时，商场里的人在干什么？街道上的人在干什么？然后告诉他们其实大家都在正常的生活。干预过程中要向当事人不断强化，不幸事件是偶然的，只是意外而已，一切都会很快地过去，让他们把自己同不幸事件剥离开。同样，心理援助者也要学会恰当的心理剥离。干预者自己要做到“进得去，也出得来”，在干预过程中要和当事人共情，投入到当事人的情感里面，甚至会和她们一起哭。但也需要控制自己，情感不能陷得太多，要能掌握住整个局面，不能被当事人的情绪带走，学会控制自己的感情。另外当干预结束后情绪受到一定影响时，可以在干预小组内自己安排时间互相督导，将“心理垃圾”及时倒掉。比如一旦离开当事人住的宾馆，干预者要迅速地摆脱之前的抑郁情绪，立刻开始讨论其他的话题，甚至可以彼此开开玩笑，如评价这家宾馆的住宿条件如何、地毯好不好看、电梯快不快之类的，不再说起刚才听到和事故有关的事情。这样治疗者才能去做下一个干预，避免出现做一两天就情感枯竭的情况。

（4）为自己做点什么

人是要有自我的，一个强大的自我可以帮助我们应对危机。救援工作人员的工作性质导致他们每天接触的都是负面的东西，因此要学会把自己从身边所有的不快乐中剥离开，收回自己。在对道路交通事故做干预时，单位领导常对工作组的人说，你们要为自己做点什么，做点自己喜欢的事情，不要因现场负面的影响而失去了对生活的乐趣。

四、心理援助者的自身干预

交通事故救援中，心理援助者不仅要与创伤人员紧密接触，而且还要与创伤人员有高度的共情。所以心理援助者是心理问题的高危人群。他们自己可以通过一些干预技术进行调整，如自我肯定、积极的自我暗示，体育锻炼、乐观心态等。对于灾后心理援助者，除了这些方法外还有如下的替代性创伤策略。

（一）理解替代性创伤，接受不良的心理反应

心理援助者出现替代性创伤时不要有自责、愧疚或羞耻的态度，也不要质疑自己的职业选择和能力，最重要的是理解替代性创伤发生的必然性，并能接受自己不良的心理反应，尝试着了解自己出现替代性创伤的原因，并处理这种创伤。

（二）同伴的支持

心理援助人员进行灾后心理援助工作时，最好不要分散在各个地方单独工作，应该以小组的方式，获得同伴的支持。

所有的治疗师都需要督导，还需要有同伴。因为同伴支持，能够帮助治疗师清楚地了解替代性创伤产生的原因，并有机会与同伴共同探讨处理方法，让自己获得心理健康。

（三）限制暴露

心理援助人员替代性创伤的形成，与对创伤幸存者的过分关注有直接关系。所以治疗师在帮助创伤幸存者时，要尽量减少自己在创伤资料下暴露，以保护自己。治疗师倾听求助者的创伤经历是很重要的环节，但是也不必因此而承担额外的痛苦或过于惨烈的、不必要的创伤。所以危机干预中应该限制暴露，以便进行自我保护。在干预的个案中，如有特别可怕或是超出自己承受范围的创伤活疗时，治疗师允许自己通过“退后一点点”的处理方法来保护自己。另外，在灾后心理援助中，治疗师应尽量不到惨烈的现场去，不看恐怖的画面，适度的回避可以有效地保护自己，以便更好地进行心理援助。

（四）定期接受督导

危机干预中，治疗师都需要必要的督导，受条件限制可以实行团体督导。团队工作结束后，可以让经验丰富的治疗师或督导给团队成员做分享活动，并给予指导，为干预者们提供学习的机会。建立定期督导机制，对于维护干预者的心理建康和提高专业水平非常重要。

（五）建立良好的社会支持系统

心理援助者必须建立一个良好的社会支持系统，以获得他人的支持和帮助。建立并维护好社会支持系统是心理援助者自我保护、避免替代性创伤的重要条件。

（六）有充足的休息与娱乐时间

危机干预期间，无论条件如何，干预者都要保证日常作息，因为身体是最基本的工作条件，不要因为休息和娱乐感到内疚。尽管有大量的求助者需要帮助，但是工作之余一定要安排好休息时间。如果不能保证自己的生活和休息，情绪也会受到影响，也无法保证良好的干预效果。

替代性创伤已经成为交通事故援助中的一个重要的问题，它对事故援助人员的心理损伤要远远大于身体伤害，且更加深刻、持久。由于存在替代性创伤，所以在开展事故救援工作中，一定要对参加一线救援人员的时间进行一定的限制。

替代创伤的自我保护策略，如图5-7图～图5-12所示。

图5-7　替代性创伤是正常的

图5-8　获得同伴的支持

图5-9　不要过于了解事故的惨烈细节

图5-10　定期接受团体督导

图5-11　获得亲人和朋友的支持

图5-12　有充足的休息和娱乐时间

心理救援者的非理性思维

“我要安慰每一个受害者。”

每一个受害者都是痛苦的，但我们只能帮助其中的几个，只能做力所能及的事。

“我是心理专家，你们要听我的。”

每个人都有自己的应对方式，也有他自己最想求助的人。我们能做的，就是帮助当事人自助和求助。

“我给他做了咨询，他还是这么伤心，我真的一点用都没有。”

心理的康复需要一定的时间，而且并不是每一次咨询都能达到明显的效果。

“我的工作非常重要，其他人都应该支持我。”

其他人也有自己的工作任务，我们不能强求别人认同自己的工作。

“我和受害人说的每一句话都必须完全正确，否则我就太不专业了。”

我们是应该给受害人提供专业的帮助，但如果要保证每一句话都完全正确，就会因为太紧张而不敢说话。

五、任务结束后提供支持

在救援人员任务结束后应提供如下支持：

（1）高层管理人员接受救援人员的述职并进行工作评估。

（2）救援人员应接受全面健康检查，包括压力回顾与评估。

（3）根据救援人员要求为其提供员工支持机制。

（4）提供简短的信息资料，帮助救援人员了解和管理压力。材料应包括最新的精神卫生专家转介名单以及获得同伴支持的机会。

（5）救援结束后，下面的建议对救援人员会有所帮助：

①参加一次应激晤谈，分享团体成员的体验和支持。

②当灾难感觉浮现时，就讲出来，倾听彼此的感觉。尝试言语之外其他表达形式如舞蹈、写作、音乐。

③多倾听，尽量减少争执。注意常听到其他人经历某些糟糕的事，对自己并无帮助。

④减少针对个人的愤怒。愤怒是灾难后一种常见的感觉，有时候会不经意间发泄在同事身上。

⑤给予肯定是很重要的，工作做得好，要给同事以鼓励和正向的反馈。

⑥要吃得好，尽量保证睡眠充足，避免过量的烟、酒和咖啡。

⑦做放松练习和压力处理，休闲和运动是有帮助的。

⑧尝试重新建立起正常的生活规律。

⑨救援行动结束后，可能会经历一个“降温”的过程。

⑩如果是离家参加救援工作的，返家后，家人可能会有不同的期待与需要。考虑到预期会出现的问题，小心协调个人的需要。

⑪灾难之后，可能会经历心情的变化，例如，由快乐变成悲伤、由紧张变成放松、由外向变成为安静、想要谈灾难的事情反而不想谈了。这些心情的变化，都是正

常和自然的，而且会随着时间的推移而转变。

⑫如果觉得需要，允许自己有一些独处的时间，但是，不要一点都不与他人交往。

⑬避免变得容易分心、鲁莽，或者发生意外。

第四节　救援者的职业倦怠与心理干预

一、职业倦怠的定义

职业倦怠是一种内在的心理体验，包括情感、态度、动机和期望等方面。这种职业危机的发生是因为人们的心理需求超过了其供给能力。它是由于情感需求长期得不到满足，而经历的一种身体、精神和情感的耗竭状态，常常伴有一系列的症状，包括躯体上的损耗、情感上的无助无望、幻想破灭、否定的自我概念，以及对工作、他人和生活本身的消极态度。它代表了某种极限，若超过此极限，人们应对环境的能力将严重受阻。[①]

通常，职业倦怠这种危机是不易被察觉的，因为其发作是缓慢和隐蔽的，没有什么时间点或事件可以被确认为创伤的开始。然而，作为每天工作生活中日常竞争和长期压力的结果，它对于精神和能量的腐蚀是缓慢而持久的。由于鉴定职业倦怠的困难，所以很容易将其看做是一种人格缺陷，只有当人们在环境中感到失败和筋疲力尽，以至于要采取某些特别的方式寻求释放时，危机才会显现，如人们会放弃目前的工作和职业，发展成一种严重的身心疾病，变成一个物质滥用者或者是企图自杀。职业倦怠的恢复是件非常复杂的事情，很多人试图与职业倦怠作斗争，但如果方法不对，事情往往更趋向混乱。结果，职业倦怠的突发性危机成为更加普遍存在的危机，人们以一种危机的状态生活于其中。

二、职业倦怠产生的原因

从工作方面来讲，当工作中的新旧问题不断堆积的时候，职业倦怠便容易发生。这些问题有多种来源：苛刻专横的领导、无休止堆积如山的文书工作、杂而不精的工作、一拨接一拨的当事人、超出人类服务工作者能力范围的灾难性困境、僵化而没有弹性的规章制度和工作程序、沟通问题以及16小时工作制。这些问题的严重程度和种

① Richard k. James. Burl E. Gilliland. 危机干预策略. 高申春，等，译. 第705页。

类可能各不相同，但结果却使人们与其工作环境之间的摩擦不断增加。

很多有职业倦怠的工作者，都有一些共同点：一方面，他们都很全心投入、敏感、仁慈、富有理想主义、受到人们的认可，并且高度忠诚、奉献于他们的事业；另一方面，他们也具有过度焦虑、强迫、狂热、一点神经质、外向、负责、容易对当事人产生认同的倾向。他们每一个人，都具有下面列出的造成职业倦怠的一条或几条原因。

（一）角色模糊

他们对于自身及其所处机构具有的权利、应负的责任、采取的方法、要达到的目的、当前的状况以及应尽的义务，缺少明确的认识。

（二）角色冲突

工作对他们的要求常常与价值观和道德观不调和、不相称、不一致。

（三）角色超载

工作对他们的要求在数量和质量上都太过沉重。

（四）无成就感

他们感到无论自己多么努力地工作，在荣誉、成就、赏识或成功等方面都没有意义。

（五）孤立

无论在机构内还是在机构外，他们几乎没有社会支持。

（六）缺乏自主性

他们将要做什么以及如何处理他们的当事人的决定权受制于所在机构的上级主管部门。

容易诱发职业倦怠的非理性思维

易感职业倦怠的人对于自己和如何驾驭环境都有一些错误的信念，例如对自身和工作作出种种不合理的描述。阿尔伯特·艾利斯认为，当人们对于自己的困境产生不健康的想法时，这些想法就被模式化了。

1. “我的工作就是我的生命。”这意味着长时间的工作，没有放松时间，很难委托别人代劳。当事情做得不够完美时，焦虑、自我保护、愤怒和挫败感就会出现。

2. “我必须要有完备的能力和知识，能够帮助每一个人。”当一个人不够完美，就会发生对表现的不现实期望、自我证明的需要、信心的缺乏、过度的内疚。

3. “为了完成工作和保持自我价值感，我必须得到和我一起工作的每一个人的喜欢和认可。”因此，他们不能坚持自己、不能设定界限、不能说不、不能反对他人或者给出消极反馈。所以，他们在工作中受到别人的摆布——包括当事人。其结果就是自我怀疑、消极敌对、没有安全感和随之而来的沮丧。

4. “其他人都太顽固、难以应付，不懂得我工作的真正价值，他们应该给我更多的支持。”对于特殊的问题和个人出现了刻板化和概括化，其结果就是创造力的缺乏、精力的浪费和动机下降，人们会出现失败者的态度，对现状被动接受。

5. “任何消极反馈都表明我所做的事情存在问题。”人们无法现实客观地评价自己的工作，无法作出建设性的改变；对批评充满愤怒，是以被动对抗还是以主动对抗的方式来表现，取决于愤怒所指向的人。挫折感和动机丧失是结果。

6. “因为别人过去的错误和失败，事情无法走上正轨。”老计划没有被采用，新计划又没有产生，结果造成工作的停滞与耽搁。

7. “事情必须按我想的方式去进行。”一个人的行为若是以加班和监督别人的工作为特征，只能表明其没有能力妥协或委托他人、过分注意细节、重复工作、对他人没有耐心和独断。

8. “我必须要无所不知，一贯正确。”这种人永远都不可以犯错。对于当事人采用其所知道的各种方式进行治疗，实际上容易产生差错，尤其是当事人正处于危机之中。

[案例]

交通警察需要心理援助

（与一个交通警察的对话）

杨阳（化名），男，31岁，现任昆明某交通警察大队的事故处理警察。当我请他举个交通肇事现场或者事故后能接触到的相关人员的情绪、行为异常的例子时，他笑着回答说：“我就是需要心理援助的人”。自述说自己在处理完一件交通事故现场后，一周都不敢关灯睡觉，夜晚睡觉眼前老是“放电影，一直在出现现场的各种情景”，熬到非常疲倦了才能睡着。当问及这个案子有什么特别之处时，他说：“看来我还要痛苦一回噶？”接着说“惨烈，碎尸，不成人形，血肉模糊……而且是我和一个同事到山脚下找出来的，黑漆漆的，我们一个人拿个手电，现场在桥上，下面有三十几米，顺着血迹找到的，我们是先看见一只脚……左脚……是个女的头发很长……”他说了一句“你好残忍啊”……就再也说不下去了……后来，他又说“好残忍啊”……又说不下去了……后来他又说“刚才说得自己好兴奋”。他说他最难受的是看到小孩子的尸体，最受不了的是眼睁睁地看着伤者在送往医院的路上或者在医院里走了。他回避用“死”这个词汇。他的工作服与鞋从不穿回家，怕“晦气”，当问及若有机会调离这个岗位，还想不想再回到这个岗位，他回答“绝不愿意再回去”。他和同事们处理事故回来都会互相聊一聊现场的场景，这样好像可以彼此疏解一些害怕的情绪，但他们回到家里从不跟家人说起这些。

当我要求他描述死者家属的异常情绪和行为时，他描述到一半时，突然说：“你好烦啊……”（这么多的省略号都是他打的，后面还有一个求我不要再问了的手势）就不再往下说了，我不得不暂停了我们的聊天，当我转移去聊别的话题时，他突然跟我解释说：“你问我这些问题真的是让我很痛苦啊，我爸爸就是因为交通事故去世的……”。

我与这个警察是熟人关系，他并不知道我是心理咨询师，我也就谈不上对他进行系统的干预，就是朋友似的聊天。但可以证明交通事故处理警察的心理状态令人担心，他们同样需要心理援助。

杨　斌

2013年1月19日

三、救援人员职业倦怠的症状

职业倦怠的症状是一种多维度现象，由行为、躯体、人际关系和情感态度等几个方面组成，如表5-2所示。

救援人员的职业倦怠症状　　表5-2

行　为	躯　体	人际关系	情感态度
工作质量效率降低；使用、滥用酒精和违禁药品；旷工、缺勤增加；冒险增加；抱怨；转换或辞去工作；小问题也无法处理；缺乏创造力；失去乐趣；失去控制；反应迟缓；害怕工作；易发生意外事故；有自杀、自伤或伤人倾向	慢性疲劳；抵抗力降低;薄弱器官发生病变:溃疡、偏头痛、肠胃消化不良、面部抽搐等；失眠、噩梦、嗜睡；肌肉紧张；酒精或药品成瘾；烟草或咖啡因的使用增加；贪吃或少食；活动过度；体重突然地增加或减少；经前紧张增加；意外事故受伤；心跳加快；呼吸困难；眩晕；免疫系统受损	逃避家庭；在家里颐指气使;不成熟的交往;对任何人都奉承；被那些没有安全感的人所吸引；贬低他人；中断长期保持的关系；对朋友的意见反应过度;孤独;无法解决很小的人际问题；与同事隔绝或过分依赖；愤怒或不信任的表情增加；作为父母对孩子过分保护；对亲密行为或性的兴趣减少	压抑；空虚、无意义感；徘徊于无所不能和无法胜任之间；玩世不恭;偏执狂;强迫;冷漠;内疚；厌倦；无助；恐怖和麻痹的感觉与想法；刻板；悲观；正义感消失；夸张；病态的幽默；对管理部门、督导和同事不信任；对机构和同事吹毛求疵；自责和完美主义；信仰、意义和目标的丧失；对世界具有普遍的攻击性

四、救援人员职业倦怠的发展阶段

第一阶段：热情。当救援者开始走向工作岗位时，感到自己从事救死扶伤的工作非常的神圣，希望自己像超人一样，能在事故救援中一展身手。但是这种理想在现实工作会遇到各种困难的阻碍。比如工作条件、职位、经济收入等达不到自己的理想。这时候他们需要调整自己的职业定位，明白部门和自己的职业能力。如果不及时作出调整，这种乐观和热情就会受到打击，并进入停滞阶段。

第二阶段：停滞。当救援者开始觉得个人、经济和职业的需要没有得到满足时，停滞就会产生。这种意识来自于人们觉得自己升迁得太慢、不能满足增加的家庭开支、缺乏做好工作的内在动力。处于停滞阶段的员工需要获得工作的成就感和上级领导的支持与肯定，比如成功地完成救援任务并得到奖励，以此获得工作的内在动力。如果得不到这些外部的强化，他们就会进入挫折阶段。

第三阶段：挫折。挫折感的产生表明救援工作者已身陷困境。当他们面对无法逾越的障碍时，就会开始对效率、价值观和努力的结果产生质疑。因为职业倦怠在组织中具有高度的传染性，所以一个人的挫折感可能会对其他人产生连锁反应。克服挫折感的一条很好的途径就是正视问题，积极地采取一些方法来解决问题。比如领导组织的民主生活会，心理专家带领的团体心理辅导，个体心理咨询，可以为机构和个人带来新的变化。如果这个阶段的问题能得到很好的解决，将会使救援者对工作重新产生热情；否则，就会进入最后一个阶段——淡漠。

第四阶段：淡漠。淡漠本身就是职业倦怠，是对境况的一种持续性不关心和对危机干预中大多数努力的藐视。淡漠是一个真正意义上的危机阶段：个体处于一种失衡和僵化的状态。此阶段的状况还包括对所发生事情的否认和缺少客观的认识。处于淡漠阶段的救援者在交通事故救援中是非常危险的，他无法做到尊重别人的生命，甚至不能注意自己的安全，基本上已经失去了完成救援工作的能力。要改变这种情况，就必须接受心理治疗。

五、救援人员职业倦怠的干预策略

救援者在职业倦怠的后期阶段，都是最顽固和具有否定倾向的人。他们饱受职业倦怠的折磨，是最需要心理救援的人。在给他们做心理干预的时候，要指出他们的非理性信念，提出明确的选择，使当事人按照具体的行动步骤从僵化的状态中解脱出来。

（一）评估

职业倦怠问卷（见附录10）是一项有效的跨职业、跨文化的测量工具，可以测量与职业倦怠有关的三种症状模式。情感耗竭量表用来评估被工作消磨的情感。个人成就量表用来衡量工作能力和成就感 。人格解体量表用来测量当事人的冷漠和无情的程度。这些量表也可以结合使用，得出一个关于职业倦怠的频度和强度的总体分数。

（二）防止职业倦怠的策略

（1）每个人一周的工作量不超过40小时。工作量以可行为标准。

（2）单位给救援者提供领域内最有效和最先进的操作方法的教育，以使他们获得不断的提高。

（3）关心救援者的身心健康，不断给予工作意义的积极强化。鼓励理想追求的实现。

（4）迅速而有效地解决后勤问题。保证工作环境的整洁、舒适，在救援设备和物资上给予支持。

（5）组建救援者团队，培养积极的团队精神。乐于助人，善于求助。

（6）在工作和家庭之间有着明确的界限。注重救援者的家庭关系。

（7）完成救援任务后，要做分享和讨论。

（8）日常的工作安排要有趣味性的变化。

（9）重视救援者的安全。

（10）建立与相关部门的联系和支持。

（11）在招聘救援者时，要严格考核他们的身心素质。

（三）社会支持系统

无论是在家庭中还是在工作环境中，社会支持系统对避免职业倦怠至关重要。它对个体可起到缓冲器的作用，在任何时候都有助于维持身心健康。社会支持系统具有以下几个功能：

1. 倾听

所有救援者都定期地需要有人以共情的方式积极地倾听他们的诉说，而不需要倾听者给出任何意见和评判。

2. 技术支持

当面对较为复杂的救援任务时，所有救援者都需要有人对他们的努力给予肯定，以增强他们的信心。这个人必须是一个了解工作复杂性的业内专家。

3. 技术挑战

如果救援者没有受到过技术上的挑战，他们就会停滞不前。他们需要经常与业内专家学习、交流，挑战业内高手，以保持旺盛的进取心。

4. 情感支持

在惨烈的事故现场，救援者也需要有人陪伴，即便陪伴的人在工作上不一定帮得上他，也不一定赞同他的想法，这时候，陪伴是一种必需的支持。

5. 分享社会现实

当救援者无法判定自己对现实状况的感知是否可靠时，他们需要来自外部的确认。有时候，救援者不能对自己在工作中的表现以及完成任务的情况作出评价，特别是有的人总是在纠结救援失败的部分，这时候，他们需要社会支持系统给出一个客观公正的评价。

(四)职业倦怠的自我护理(图5-13~图5-20)

图5-13　照顾好自己的生活

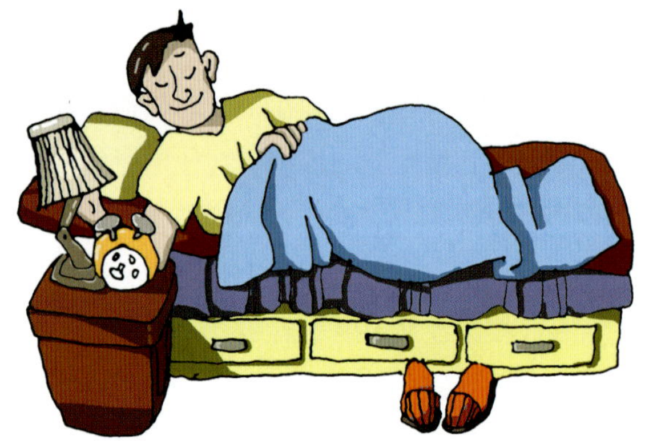

图5-14　争取足够的休息和睡眠

图5-15　采用减压技巧，如冥想或放松

图5-16　饮食有规律、有营养

图5-17　多锻炼，参与瑜伽或你喜欢的其他活动

图5-18　与爱人保持联系

图5-19　和同事、朋友谈谈感受

图5-20　照顾好自己的身体

六、援助人员的自我保护与心理支持

由于心理援助是一种特殊的工作范畴，人与人之间关系的建立过程就是一种心理沟通。沟通产生的作用是相互的，施与援助的一方也可能受到被援助对象的心理状态影响。也许是积极的、也许是消极的。而当时交通事故对人心理影响势必都是消极

的，人们的感觉、认知思维和情绪情感与行为都会发生混乱。甚至创伤引起的长期心理影响可能导致人格的偏离，严重影响个人心理健康、家庭和谐幸福和社会的安定发展。尽管参与心理援助的人员均经过了严格的筛查和审核，并且基本具备良好的心理素质。但是，特殊的危机事件仍有可能对部分心理援助人员产生心理影响，对心理援助人员进行心理援助本身就是一种自我保护机制。因此心理援助管理者与领导组需要做好以下工作。

（一）打好心理预防针

救援小组应该对自己的成员负责，在救援工作开始前，团队管理者应该事先告知组员将会看到的景象以及他们由此会产生的情绪反应，让组员做好心理准备。

（二）强调团队合作

和小组成员互相分担工作和及时倾诉心理压力，有助于缓解压抑情绪。

（三）人员轮换

为避免过度疲劳，应该督促营救队员进行休息、轮流上岗。

（四）督促队员休息

队员在救援过程中精力高度集中，往往连续工作数小时，顾不上休息。此时，救援小组的管理人员要督促队员到离受灾现场远些的地方休息，从而缓解他们因事故救援带来的紧张情绪。

（五）准备充足的营养品

要督促他们暂停手中的工作，吃东西、饮水以补充体力。准备一些电解质饮料，不要提供含咖啡因和含糖分的饮料。

（六）鼓励互相倾诉鼓励

队员将自己的感受向身边的队友诉说，这对于他们的心理健康非常重要。

（七）不要突然调离组员

因受助者的心理发展有一个连续的过程，而且救援者与受助者之间有情感上的沟通，所以心理援助有一定的持续性。如果突然之间将他们调离，会对他们构成额外的心理负担。

此外，在每天的救援工作结束后，管理者应该组织任务报告会议，鼓励救援人员描述他们所见景象，遭遇的困难以及心理感受。富有经验的营救人员发现这些措施都很有助于缓解压力。如果必要，最好寻求专业心理医生的帮助。心理救援医疗队在工作结束后，要及时总结并上报给有关部门，全队接受一次督导。

援助者的自我保护策略

1. 保证睡眠与休息，如果睡不好可以做一些放松和锻炼；
2. 保证基本饮食，食物和营养是我们战胜疾病、创伤和康复的保证；
3. 与家人和朋友聚在一起，有任何的需要，一定要向亲友及相关人员表达；
4. 不要隐藏感觉，试着把情绪说出来，并且让家人一同分担悲痛；
5. 不要因为不好意思或忌讳，而逃避和别人谈论自己的痛苦；
6. 不要阻止亲友对伤痛的诉说，让他们说出自己的痛苦，是帮助他们减轻痛苦的重要途径之一；
7. 不要勉强自己和他人去遗忘痛苦，伤痛会停留一段时间，是正常的现象，更好的方式是与我们的朋友和家人一起去分担痛苦。

附　　录

附录一　身心症状自评量表SCL—90①

以下列出了有些人可能会有的问题，请仔细阅读每一条，根据最近一星期以内你的实际感觉，自己是否有题目上所列举的情况，并根据自己的真实情况，按程度不同分五个等级：A没有、B较轻、C中等、D较重、E严重，在以下问卷相应的位置打“√”。这不是考试题，没有标准答案，只要是你真实的情况就可以。也不必认真思考，只须凭感觉回答就行了。

身心症状自评量表SCL—90

题号	内　容	A 没有	B 较轻	C 中等	D 较重	E 严重
1	头痛					
2	神经过敏，心中不踏实					
3	头脑中有不必要的想法或字句盘旋					
4	头晕或昏倒					
5	对异性的兴趣减退					
6	对旁人责备求全					
7	感到别人能控制你的思想					
8	责怪别人制造麻烦					
9	健忘					
10	担心自己衣饰的整齐及仪态的端庄					
11	容易烦恼和激动					
12	胸痛					
13	害怕空旷的场所或街道					
14	感到自己精力下降，活动减慢					
15	想结束自己的生命					
16	听到旁人听不到的声音					
17	发抖					

① 汪向东. 心理卫生评定量表手册[M]. 中国心理卫生杂志社. 第31页。

续表

题号	内　容	A 没有	B 较轻	C 中等	D 较重	E 严重
18	感到大多数人都不可信					
19	胃口不好					
20	容易哭泣					
21	同异性相处时感到害羞、不自在					
22	感到受骗，中了圈套或有人想抓你					
23	无缘无故地感觉到害怕					
24	自己不能控制地大发脾气					
25	怕单独出门					
26	经常责怪自己					
27	腰痛					
28	感到难以完成任务					
29	感到孤独					
30	感到苦闷					
31	过分担忧					
32	对事物不感兴趣					
33	感到害怕					
34	感情容易受到伤害					
35	别人能知道你的私下想法					
36	感到别人不理解你不同情你					
37	感到人们对你不友好，不喜欢你					
38	做事情必须做得很慢，以保证做正确					
39	心跳得很厉害					
40	恶心或胃部不舒服					
41	感到比不上别人					
42	肌肉酸痛					
43	感到有人在监视你、谈论你					
44	难以入睡					
45	做事必须反复检查					
46	难以做出决定					
47	怕乘电车、公共汽车、地铁或火车					
48	呼吸有困难					
49	一阵阵发冷或发热					

续表

题号	内　容	A 没有	B 较轻	C 中等	D 较重	E 严重
50	因为感到害怕而避开某些东西、场合或活动					
51	脑子变空了					
52	身体发麻或刺痛					
53	喉咙有梗塞感					
54	感到没有前途、没有希望					
55	不能集中注意力					
56	感到身体的某一部分软弱无力					
57	感到紧张或容易紧张					
58	感到手或脚发硬					
59	想到死亡的事					
60	吃得太多					
61	当别人看着你或谈论你时感到不自在					
62	有一些不属于你自己的想法					
63	有想打人或伤害他人的冲动					
64	醒得太早					
65	必须反复洗手、点数目或触摸某些东西					
66	睡得不稳不深					
67	有想摔坏或破坏东西的冲动					
68	有一些别人没有的想法或念头					
69	感到对别人神经过敏					
70	在商场或电影院等人多的地方感到不自在					
71	感到任何事情都很困难					
72	一阵阵恐惧或惊恐					
73	感到在公共场合吃东西很不舒服					
74	经常与人争论					
75	单独一个人时神经很紧张					
76	感到别人对你的成绩没有做出恰当的评价					
77	即使和别人在一起也感到孤独					
78	感到坐立不安、心神不定					
79	感到自己没有什么价值					
80	感到熟悉的东西变陌生或不像是真的					

续表

题号	内　容	A 没有	B 较轻	C 中等	D 较重	E 严重
81	大叫或摔东西					
82	害怕会在公共场合昏倒					
83	感到别人想占你的便宜					
84	为一些有关“性”的想法而很苦恼					
85	你认为应该因为自己的过错而受惩罚					
86	感到要赶快把事情做完					
87	感到自己的身体有严重问题					
88	从未感到和其他人很亲近					
89	感到自己有罪					
90	感到自己的脑子有毛病					

身心症状自评量表SCL—90记分卡

记分方法：

选A计1分，选B计2分，选C计3分，选D计4分，选E计5分。所有选题分为十个因子，将各因子所包含的项目得分分别累计相加，即可得到各个因子的累计得分；将各因子的累计得分除以相应的项目数，即得到各个因子的因子分数——T分数。

SCL—90测验答卷得分换算表

因子	所属因子的项目编号	累计得分 （S）	T 分数 （S/ 项目数）
F1	1,4,12,27,40,42,48,49,52,53,56,58		
F2	3,9,10,28,38,45,46,51,55,65		
F3	6,21,34,36,37,41,61,69,73		
F4	5,14,15,20,22,26,29,30,31,32,54,71,79		
F5	2,17,23,33,39,57,72,78,80,86		
F6	11,24,63,67,74,81		
F7	13,25,47,50,70,75,82		
F8	8,18,43,68,76,83		
F9	7,16,35,62,77,84,85,87,88,90		
F10	19,44,59,60,64,66,89		
阳性项目总数： （90 减去选 A 的项目数）		总累计得分： （S 分合计）	总因子分数： （T 分数合计）

得分结果

基本解释

量表作者未提出分界值，按全国常模结果，总分超过160分，或阳性项目数超过43项，或任一因子分超过2分，需考虑筛选阳性，需进一步检查。

得分症状详解

总症状指数

是指总的来看，被试的自我症状评价介于“没有”到“严重”的哪一个水平。总症状指数的分数在1～1.5之间，表明被试自我感觉没有量表中所列的症状；在1.5～2.5之间，表明被试感觉有点症状，但发生得并不频繁；在2.5～3.5之间，表明被试感觉有症状，其严重程度为轻到中度；在3.5～4.5之间，表明被试感觉有症状，其程度为中到严重；在4.5～5之间表明被试感觉有，且症状的频度和强度都十分严重。

阳性项目数

是指被评为2～5分的项目数分别是多少，它表示被试在多少项目中感到“有症状”。

阴性项目数

是指被评为1分的项目数，它表示被试“无症状”的项目有多少。

阳性症状均分

是指个体自我感觉不佳的项目的程度究竟处于哪个水平。其意义与总症状指数的相同。

因子分

SCL—90包括9个因子，每一个因子反映出个体某方面的症状情况，通过因子分可了解症状分布特点。因子分等于组成某一因子的各项总分与组成某一因子的项目数。当个体在某一因子的得分大于2时，即超出正常均分，则个体在该方面就很有可能有心理健康方面的问题。

F1躯体化

主要反映身体不适感，包括心血管、胃肠道、呼吸和其他系统的不适，和头痛、背痛、肌肉酸痛，以及焦虑等躯体不适表现。

该分量表的得分在12～60分之间。得分在36分以上，表明个体在身体上有较明显的不适感，并常伴有头痛、肌肉酸痛等症状。得分在24分以下，躯体症状表现不明显。总的说来，得分越高，躯体的不适感越强；得分越低，症状体验越不明显。

F2强迫症状

主要指那些明知没有必要，但又无法摆脱的无意义的思想、冲动和行为，还有一些比较一般的认知障碍的行为征象也在这一因子中反映。

该分量表的得分在10～50分之间。得分在30分以上，强迫症状较明显。得分在20分以下，强迫症状不明显。总的说来，得分越高，表明个体越无法摆脱一些无意义的行为、思想和冲动，并可能表现出一些认知障碍的行为征兆。得分越低，表明个体在此种症状上表现越不明显，没有出现强迫行为。

F3人际关系敏感

主要是指某些人际的不自在与自卑感，特别是与其他人相比较时更加突出。在人际交往中的自卑感，心神不安，明显的不自在，以及人际交流中的不良自我暗示，消极的期待等是这方面症状的典型原因。

该分量表的得分在9～45分之间。得分在27分以上，表明个体人际关系较为敏感，人际交往中自卑感较强，并伴有行为症状（如坐立不安，退缩等）。得分在18分以下，表明个体在人际关系上较为正常。总的说来，得分越高，个体在人际交往中表现的问题就越多，自卑，自我中心越突出，并且已表现出消极的期待。得分越低，个体在人际关系上越能应付自如，人际交流自信、胸有成竹，并抱有积极的期待。

F4抑郁

苦闷的情感与心境为代表性症状，还以生活兴趣的减退，动力缺乏，活力丧失等为特征。还表现出失望、悲观以及与抑郁相联系的认知和躯体方面的感受，另外，还包括有关死亡的思想和自杀观念。

该分量表的得分在13～65分之间。得分在39分以上，表明个体的抑郁程度较强，生活缺乏足够的兴趣，缺乏运动活力，极端情况下，可能会有想死亡的思想和自杀的观念。得分在26分以下，表明个体抑郁程度较弱，生活态度乐观积极，充满活力，心境愉快。总的说来，得分越高，抑郁程度越明显，得分越低，抑郁程度越不明显。

F5焦虑

一般指那些烦躁，坐立不安，神经过敏，紧张以及由此产生的躯体征象，如震颤等。

该分量表的得分在10～50分之间。得分在30分以上，表明个体较易焦虑，易表现出烦躁、不安静和神经过敏，极端时可能导致惊恐发作。得分在20分以下，表明个体不易焦虑，易表现出安定的状态。总的说来，得分越高，焦虑表现越明显。得分越低，越不会导致焦虑。

F6敌对

主要从三方面来反映敌对的表现：思想、感情及行为。其项目包括厌烦的感觉，摔物，争论直到不可控制的脾气暴发等各方面。

该分量表的得分在6～30分之间。得分在18分以上，表明个体易表现出敌对的思想、情感和行为。得分在12分以下表明个体容易表现出友好的思想、情感和行为。总的说来，得分越高，个体越容易敌对，好争论，脾气难以控制。得分越低，个体的脾气越温和，待人友好，不喜欢争论、无破坏行为。

F7恐怖

恐惧的对象包括出门旅行，空旷场地，人群或公共场所和交通工具。此外，还有社交恐怖。

该分量表的得分在7～35分之间。得分在21分以上，表明个体恐怖症状较为明显，常表现出社交、广场和人群恐惧，得分在14分以下，表明个体的恐怖症状不明显。总的说来，得分越高，个体越容易对一些场所和物体发生恐惧，并伴有明显的躯体症状。得分越低，个体越不易产生恐怖心理，越能正常的交往和活动。

F8偏执

主要指投射性思维，敌对，猜疑，妄想，被动体验和夸大等。

该分量表的得分在6～30分之间。得分在18分以上，表明个体的偏执症状明显，较易猜疑和敌对，得分在12分以下，表明个体的偏执症状不明显。总的说来，得分越高，个体越易偏执，表现出投射性的思维和妄想，得分越低，个体思维越不易走极端。

F9精神病性

反映各式各样的急性症状和行为，即限定不严的精神病性过程的症状表现。

该分量表的得分在10～50分之间。得分在30分以上，表明个体的精神病性症状较为明显，得分在20分以下，表明个体的精神病性症状不明显。总的说来，得分越高，越多的表现出精神病性症状和行为。得分越低，就越少表现出这些症状和行为。

F10其他项目（睡眠、饮食等）

作为附加项目或其他，作为第10个因子来处理，以便使各因子分之和等于总分。

附录二　焦虑自评量表（SAS）[1]

由华裔教授Zung编制（1971）。

从量表构造的形式到具体评定的方法，都与抑郁自评量表(SDS)十分相似，是一种分析病人主观症状的相当简便的临床工具。适用于具有焦虑症状的成年人，具有广泛的应用性。国外研究认为，SAS能够较好地反映有焦虑倾向的精神病求助者的主观感受。而焦虑是心理咨询门诊中较常见的一种情绪障碍，所以近年来SAS是咨询门诊中了解焦虑症状的自评工具。

焦虑自评量表SAS

请注意：

（1）请根据您一周来的实际感觉在适当的数字上划上"√"表示，请不要漏评任何一个项目，也不要在相同的一个项目上重复地评定；

（2）量表中有部分反向（即从焦虑反向状态）评分的题，请注意保障在填分、算分评分时的理解；

（3）本表可用于反映测试者焦虑的主观感受，对心理咨询门诊及精神科门诊或住院精神病人均可使用，但由于焦虑是神经症的共同症状，故SAS在各类神经症鉴别中作用不大；

（4）关于焦虑症状的临床分级，除参考量表分值外，主要还应根据临床症状，特别是要害症状（要害症状包括：与处境不相称的痛苦情绪体验、精神运动性不安、植物神经功能障碍）的程度来划分，量表总分值仅能作为一项参考指标而非绝对标准。

评分方法

SAS采用4级评分，主要评定症状出现的频度，其标准为：

"1"表示没有或很少时间有；

"2"表示有时有；

"3"表示大部分时间有；

"4"表示绝大部分或全部时间都有。

---

① 汪向东. 心理卫生评定量表手册[M]. 中国心理卫生杂志社. 第235页。

焦虑自评量表（SAS）

序号	题　目	没有或很少时间有（1分）	有时有（2分）	大部分时间有（3分）	绝大部分或全部时间都有（4）分	评分
1	我觉得比平常容易紧张和着急（焦虑）					
2	我无缘无故地感到害怕（害怕）					
3	我容易心里烦乱或觉得惊恐（惊恐）					
4	我觉得我可能将要发疯（发疯感）					
5*	我觉得一切都很好，也不会发生什么不幸（不幸预感）					
6	我手脚发抖打颤（手足颤抖）					
7	我因为头痛，颈痛和背痛而苦恼（躯体疼痛）					
8	我感觉容易衰弱和疲乏（乏力）					
9*	我觉得心平气和，并且容易安静坐着（静坐不能）					
10	我觉得心跳很快（心慌）					
11	我因为一阵阵头晕而苦恼（头昏）					
12	我有晕倒发作或觉得要晕倒似的（晕厥感）					
13*	我呼气吸气都感到很容易（呼吸困难）					
14	我手脚麻木和刺痛（手足刺痛）					
15	我因为胃痛和消化不良而苦恼（胃痛或消化不良）					
16	我常常要小便（尿意频数）					
17*	我的手常常是干燥温暖的（多汗）					
18	我脸红发热（面部潮红）					
19*	我容易入睡并且一夜睡得很好（睡眠障碍）					
20	我做噩梦					
	总分统计					

20个条目中有15项是用负性词陈述的，按上述1～4顺序评分。其余5项（第5，9，13，17，19）注*号者，是用正性词陈述的，按4～1顺序反向计分。

分析指标

SAS的主要统计指标为总分。将20个项目的各个得分相加，即得粗分；用粗分乘以1.25以后取整数部分，就得到标准分，或者可以查表作相同的转换（粗分、标准分换算表 见SDS附录）。

结果解释

按照中国常模结果，SAS标准分的分界值为50分，其中50～59分为轻度焦虑，60～69分为中度焦虑，70分以上为重度焦虑。

附录三　抑郁自评测验（SDS）[①]

抑郁自评量表，是含有20个项目，分为4级评分的自评量表，原型是Zung抑郁量表（1965）。其特点是使用简便，并能相当直观地反映抑郁患者的主观感受。主要适用于具有抑郁症状的成年人，包括门诊及住院患者。只是对严重迟缓症状的抑郁，评定有困难。同时，SDS对于文化程度较低或智力水平稍差的人使用效果不佳。

抑郁自评量表

序号	题　目	偶 无	有 时	经 常	持 续
1	我感到情绪沮丧、郁闷	1	2	3	4
*2	我感到早晨心情最好	4	3	2	1
3	我要哭或想哭	1	2	3	4
4	我夜间睡眠不好	1	2	3	4
*5	我吃饭像平时一样多	4	3	2	1
*6	我的性功能正常	4	3	2	1
7	我感到体重减轻	1	2	3	4
8	我为便秘烦恼	1	2	3	4
9	我的心跳比平时快	1	2	3	4
10	我无故感到疲劳	1	2	3	4
*11	我的头脑像往常一样清楚	4	3	2	1
*12	我做事情像平时一样不感到困难	4	3	2	1
13	我坐卧不安，难以保持平静	1	2	3	4
*14	我对未来感到有希望	4	3	2	1
15	我比平时更容易被激怒	1	2	3	4
*16	我觉得决定什么事很容易	4	3	2	1
*17	我感到自己是有用的和不可缺少的人	4	3	2	1
*18	我的生活很有意义	4	3	2	1
19	假若我死了别人会过得更好	1	2	3	4
*20	我仍旧喜爱自己平时喜爱的东西	4	3	2	1

① 汪向东. 心理卫生评定量表手册[M]. 中国心理卫生杂志社. 第194页。

抑郁状态问卷（DIS）①

1972年，Zang氏增加了抑郁他评量表，称为抑郁状态问卷。如受试者文化程度较低或智力水平稍差不能进行自评，可采用（DIS）由检查者进行评定的方法。

抑郁状态问卷

序号	题　目	偶　无	有　时	经　常	持　续
1	你感到情绪沮丧，郁闷吗？	1	2	3	4
2	你要哭或想哭吗？	1	2	3	4
*3	你感到早晨心情最好吗？	4	3	2	1
4	你夜间睡眠不好吗？经常早醒吗？	1	2	3	4
*5	你吃饭像平时一样多吗？食欲如何？	4	3	2	1
*6	你的性功能正常？乐意注意具有吸引力的异性，并好和他/她在一起，说话吗？	4	3	2	1
7	你感到体重减轻吗？	1	2	3	4
8	你为便秘烦恼吗？	1	2	3	4
9	你的心跳比平时快吗？	1	2	3	4
10	你无故感到疲劳吗？	1	2	3	4
11	你坐卧不安，难以保持平静吗？	1	2	3	4
12	你做事情比平时慢吗？	1	2	3	4
*13	你的头脑像往常一样清楚吗？	4	3	2	1
14	你感到生活很空虚吗？	4	3	2	1
*15	你感到未来有希望吗？	1	2	3	4
*16	你觉得决定什么事很容易吗？	4	3	2	1
17	你比平时更容易激怒吗？	1	2	3	4
*18	你仍旧喜爱自己平时喜爱的事情吗？	4	3	2	1
*19	你感到自己是有用的和不可缺少的人吗？	4	3	2	1
20	你曾经想过要自杀吗？	1	2	3	4

① 汪向东. 心理卫生评定量表手册[M]. 中国心理卫生杂志社. 第196页。

附录四 简短应激问卷[1]

说明：本测量无正式规范。根据各项的内容，0～15分说明被调查者可能适当地处理了事件中的应激，16～25分说明了被调查者正遭受事件应激，对其采取预防措施是明智之举，26～35分说明可能存在应激障碍，35分以上说明极有可能存在应激障碍。

请回忆事件发生后一个月的情况，给下列各项打分。

0=从来没有 1=偶尔 2=经常 3=频繁 4=几乎总是这样

简短应激问卷

序号	题目	从来没有	偶尔	经常	频繁	总是这样
1	容易感到疲劳、疲乏，甚至在你得到足够的睡眠时					
2	小小的困难也使你易怒或不耐烦					
3	日益感到危急，愤世嫉俗或幻灭					
4	受到无法言喻的悲伤的影响，比往常哭得更多					
5	忘记约会、截止期限或个人财产，变得心不在焉					
6	很少见到好友和家庭成员，觉得自己喜欢独处，甚至回避好友					
7	做日常琐事也很费力					
8	感到身体不适，如胃痛、头痛、持续感冒和一般性头疼					
9	当一天的活动结束时，感到困惑或失去判断力					
10	对以前感兴趣，或者喜爱的活动失去兴趣					
11	对工作没有热情，消极、感到徒劳或沮丧					
12	认为自己的工作效率不尽如人意					
13	吃得更多(更少)。更多地抽烟、喝酒或者用药以应对工作					

① 红十字会与红新月会国际联合会.社区为本的社会心理支持培训教员手册.2009.第113页。

附录五　事件影响量表（IES—R）[①]

下面是人们在经有压力的生活事件刺激之后所体验到的一些困扰，请您仔细阅读题目，选择最能够形容每一种困扰对您影响的程度。

请按照自己在最近七天之内的体验，说明这件事对你有多大影响。影响分级，一点没有是0分，很少出现是1分，有显示出现是2分，常常出现是3分，总是出现是4分。

事件影响量表

序号	题　目	没有	很少	有时	常常	总是
1	任何与那件事有关的事物都会引发当时的感受					
2	我很难安稳地一觉睡到天亮					
3	别的东西也会让我想起那件事					
4	我感觉我易受刺激、易发怒					
5	每当想起那件事或其他事情使我记忆起它时，我会尽量避免使自己心烦意乱					
6	即使我不愿意去想那件事时也会想起它					
7	我感觉，那件事好像不是真的，或者从未发生过					
8	我设法远离一切能使我记起那件事的事物					
9	有关那件事的画面会在我的脑海中突然出现					
10	我感觉自己神经过敏，易受惊吓					
11	我努力不去想那件事					
12	我觉察到我对那件事仍然有很多感受，但我没有去处理它们					
13	我对那件事的感觉有点麻木					
14	我发现我的行为和感觉，好像又回到了那件事发生的时候那样					
15	我难以入睡					

① 红十字会与红新月会国际联合会. 小数民族群体社会心理支持工作手册. 2012，第84页。

续表

序号	题　目	没有	很少	有时	常常	总是
16	我因为那件事而有强烈的情绪波动					
17	我想要忘掉那件事					
18	我感觉自己难以集中注意力					
19	令我想起那件事的事物会引起我身体上的反应，如：出汗、呼吸困难、眩晕和心跳					
20	我曾经梦到过那件事					
21	我感觉自己很警觉或很戒备					
22	我尽量不提那件事					

计算结果与分析：

回避量表：5、7、8、11、12、13、17、22

侵袭量表：1、2、3、6、9、14、16、20

高唤醒量表：4、10、15、18、19、21

结果分析：

回避量表+侵袭量表=0～8亚临床；9～25轻度； 26～43中度；44～88重度

附录六　创伤经验症状量表[1]

创伤经验症状量表包括身心症状评估量表、资产损失情况量表和生活情况量表。

（1）身心症状评估：以下有15个陈述是关于个人面临重大生活事件、意外事故或灾难事件的可能反应。我们可以从下列这些方向去了解受害者的状况，然后根据对其7天以来的观察作出评估。如果“有”这些现象，请圈选“1”如果“没有”这些现象，请圈选“0”

身心症状评估量表

最近七天以来的问题	没　有	有
1. 睡眠困难	0	1
2. 对该事件有梦魇	0	1
3. 心情沮丧	0	1
4. 对突然的噪音或声音感到吃惊	0	1
5. 有人际疏离的倾向	0	1
6. 容易动怒的情绪	0	1
7. 不稳定的心情（心情经常起伏不定）	0	1
8. 良心不安，自我责备或罪恶感	0	1
9. 对可能会引发回忆该事件的情境感到害怕	0	1
10. 身体的紧张性	0	1
11. 记忆力受损	0	1
12. 注意力集中困难	0	1
13. 感觉可以接受现况，规划未来	0	1
14. 变得容易怨天尤人	0	1
15. 对周遭环境开始了控制感	0	1

（2）资产损失情况。

① 杨艳杰. 危机事件心理干预策略[M]. 人民卫生出版社. 第119页。

A失去亲人：无损失、有一些损失、很多损失

B失去财产：无损失、有一些损失、很多损失

C失去社会资源：无损失、有一些损失、很多损失

（3）基本生活情况。

生活情况量表

	个人情况			家庭情况		
	正常	还可以	很差	很差	还可以	正常
1. 饮食						
2. 卫生						
3. 衣着						
4. 住宿						
5. 通信						

附录七　创伤问题评估表[1]

在重大灾难后，因为经历了相当大的震撼，所以在任何人的身上，都会留下或多或少的心理创伤。我们可以通过个别会谈检测，进一步了解受害者的心理状况，再形成帮助他们的策略。

1. 在此创伤事件中，你所遭遇到的最坏的事件是什么？	询问关于此创伤经验的严重度：
2. 历经此创伤事件，你的感受如何？	询问特别的心理症状：
	麻木感
	疏离感
	无情绪反应
	感觉茫然
	感觉不真实
	感觉上像是发生在别人身上的事（事不关己）
	无法忆起事件的部分
3. 你是否觉得自己持续再度体验此创伤事件？	重复体验此创伤
	反复出现阴影
	重复出现想法
	做噩梦
	瞬间体验再现

① 杨艳杰. 危机事件心理干预策略[M]. 人民卫生出版社. 第120页。

续表

4. 你是否企图逃避会回忆起此创伤事件的刺激?	逃避某些刺激
	逃避某些想法
	逃避某些感觉
	逃避某些谈话
	逃避某些活动
	逃避某些地点
5. 你是否有……	焦虑症状或是警觉增加
	睡眠困难
	易怒
	难以保持专注
	过度警觉
	容易受到惊吓
	难以静下来
6. 你是否有困难去从事你需要做的事，或是照顾自已及家人?	功能受到妨碍

附录八　危机干预的分类评估量表（TAF）①

1. 危机事件

简要确定和描述危机的情况。

____

____

____

2. 情感方面

简要确定和描述目前的情感表现（如果有几种情感症状存在，请用#1，#2，#3标出主次）。

愤怒／敌对：

____

____

____

焦虑／恐惧：

____

____

____

沮丧／忧愁：

____

____

____

① 杨艳杰. 危机事件心理干预策略[M]. 人民卫生出版社. 第123页。

情感严重程度量表

根据求助者对危机的反应，在下列恰当的数字上打圈。

1	2	3	4	5	6	7	8	9	10
无损害	损害很轻		轻度损害		中等损害		显著损害		严重损害
情感状态稳定，在日常生活各种活动中情感表达恰当	对环境的情感反应适当，对环境的变化只有短暂的负性情感流露，不强烈，能很好地控制情绪		对环境的情感反应适当，但对环境变化会出现较长时间的负性情感反应；在情绪波动时，能意识到需要自我控制情绪		情感反应与环境不太协调，对环境变化常出现负性情感反应，且情绪波动较强烈，需要作出努力才能予以控制		负性情感体验完全超出了环境的影响，情感反应与环境明显不协调，心境波动明显，负性情感强烈，虽然意识到负性情绪但不能控制		完全失控或极度悲伤

3. 认知方面

如果有侵犯、威胁或丧失，则予以确定，并简要描述（如果有多个认知反应存在，根据主次，标出#1，#2，#3）

生理/环境方面（饮食、水、安全、居住等）：

侵犯______________ 威胁______________ 丧失______________

____

____

____

心理方面（自我认识，情绪表现、认同等）：

侵犯______________ 威胁______________ 丧失______________

____

____

____

关系方面（家庭、朋友、同事等）：

侵犯______________ 威胁______________ 丧失______________

____

____

____

道德／精神方面（对人态度、价值观、信仰等）：

侵犯____________威胁____________丧失____________

____

____

____

认知严重程度量表

根据求助者对危机的反应，在下列恰当的数字上打圈。

1	2　　3	4　　5	6　　7	8　　9	10
无损害	损害很轻	轻度损害	中等损害	显著损害	严重损害
注意力集中，解决问题和做决定能力正常。对危机事件的认识和感知与实际情况相符	思维集中在危机事件上，但思想能受意志控制。解决问题和做决定能力轻微受损，对危机事件的认识和感知基本与现实相符	注意力偶尔不集中，感到较难控制危机事件的思考，解决问题和做决定能力降低，对危机事件的认识和感知与现实情况存在一些偏差	注意力时常不能集中，较多考虑危机事件而难以自拔。解决问题和做决定能力因为强迫性思维，自我怀疑而感受到影响。对危机事件的认识和感知与现实情况明显不符	沉湎于对危机事件的思考，因为强迫性思维，自我怀疑和忧郁而明显影响解决问题和做决定的能力，对危机事件的认识和感知与现实有实质性差异	完全沉湎于危机事件思虑，无法集中精，由于受强迫，自我怀疑，忧郁和犹豫不决的影响，丧失了解决问题的能力。对危机事件的认识和感知与现实情况严重脱节，影响到正常的生活

4. 行为方面

确定和简要描述目前的行为表现（如果有多种行为表现存在，根据主次，标出#1，#2，#3）

接触：

____

____

____

回避：

____

____

____

无动能性：

____

____

____

行为严重程度量表

根据求助者对危机的反应，在下列恰当的数字上打圈。

1	2	3	4	5	6	7	8	9	10
无损害	损害很轻		轻度损害		中等损害		显著损害		严重损害
对危机事件应对行为恰当，能保持必要的日常功能	偶尔有不恰当的应对行为，能保持必要的日常功能，但需做出一定努力		偶尔出现不恰当的应对行为，有时出现日常功能的减退，表现为做事效率降低		有恰当的应对行为且做事效率很低，需作出很大努力才能维持日常功能		作出很不恰当的应对行为，日常生活功能受到严重影响		行为异常，难以预料，并对自己或他人有产生伤害的危险

5. 量表严重程度小结（评分）

情感：______________

认知：______________

行为：______________

注：评估内容分情感、认知和行为三个方面，每个方面的评定结果分六级，细分为1~10分：量表总分为三个方面评估的分值之和。

根据北美的评价标准：总分为3～12分，求助者状况不严重，干预人员不需要提供太多的指导；总分在13～22分，求助者无法自己解决面临的问题，需要干预人员提供适合的帮助与指导；总分在22分以上，求助者完全失去了应对危机的能力，无法自己解决面临的问题，需要实施干预人员给予全面的指导。

6. 危机干预分类评估量表的评价

（1）情感量表：众所周知，没有任何危机情况下会出现正面情绪。克罗（Crow）用颜色来命名危机中所出现的情绪：黄色（焦虑）、红色（愤怒）和黑色（抑郁）。单个负面情绪可以独立存在，也可以同时存在。在迈耶（Myer）等人的量表中，考虑到其诊断含义，没有使用抑郁（depression）一词，而改用沮丧／忧愁（sadness/melanchoiy）。

（2）认识量表：爱丽斯对思维方式在情绪和行为中的作用曾有较多的论述。在危机状态下，求助者对危机事件的感知过程一般表现为被侵入（transgression）、威胁（threat）和丧失（lost）或者是三者的合并存在；德赖登（Dryden）称这些为“热”（hot）认知，是连续谱中的一个极端，属于大祸临头的那方面。这种不合理的思维可使得求助者过分拘泥于危机，哪怕是很小一点事。不过，除了危机事件本身之外，求助者也可能有逻辑思维存在。由于求助者试图要用自己的信念系统来解释事件本身，这样有时会花费求助者的全部精力。求助者可以存在个人、人际或环境刺激等方面的不恰当认知。侵入、威胁、丧失等有时被看作是相关的生理需要，如饮食、居住和安全；或心理需要，如自我概念、情绪稳定性和认同；或人际关系需要，如家庭、朋友、同事和社区支持；以及道德和精神需要，如价值观和整体观。可以从发生时间来理解这二个维度的区别。“侵入”是认为目前不好的事情正在发生；“威胁”是认为不好的事情将要发生；“丧失”则是认为不好的事情已经发生。

（3）行为量表：处于危机的求助者或多或少地存在行为的无能动性，这种无能动性可以表现为三种形式。克罗提出在危机状态下，行为可表现为接触（approaching）、回避（avoiding） 和麻痹（being paralyzed）。尽管克罗的假设看起来与我们所讲的有所不一致，但实质上是一样的。可见到求助者处于一种高度准备状态，既可以对某一特别的目标不顾一切的行为，又可以随机的无目的行为。相反，求助者也可以表现为试图尽快逃脱恶性的应激事件。虽然求助者花费了很大的精力，但一旦危机超出了求助者的应付能力，我们就认为求助者处于无能动性状况了，不管他/她的行动如何，其行为都是没有成效或没有意义的。在连续谱的极端，其行为会给自己或别人的生命造成威胁。

（4）与危机前功能水平的比较：虽然有时做不到，但工作人员应尽可能地评估求助者危机前的功能状态。比较危机前与目前状态的评估有助于工作人员了解求助者在情感、认知和行为表现上的变化。获取这方面的资料，能够用来确定求助者目前的功能状态。通过获得这些资料，工作人员可以确定求助者的功能损害到什么程度，与危机前比较是否有很大的改变，目前的功能状态是暂时的，还是长期的。例如，慢性精神分裂症病人伴有的幻听可能非常难以治疗，而急性精神病人伴有的幻听则可以用药物治疗取得较满意的效果。对这两种情况的咨询显然存在很大的差别。有关这方面的评估检查可以用1～2个问题来提问，而不必对背景资料进行广泛的了解。

总之，分类评估量表从三个方面来检查，有助于危机干预工作者全面地了解求助者，同时确定针对最为迫切问题的危机干预措施。分类评估量表具有快速、有效、易学、可靠等特点，适合于危机干预的初学者。

附录九　心理健康自评问卷（SRQ）[①]

SRQ的特点：简单、明确、易懂、好用，可用作自评或他评，但不能交叉使用。SRQ包含20个条目，评估内容以情绪状态（焦虑、恐惧、抑郁等）与躯体症状为主。

SRQ的评分：所有20个条目的评分都为“0”或“1”。“1”表示在过去的一个月存在症状。“0”表示症状不存在。最高总分为20分，分界值为7分或8分。阳性表明测试者有情感痛苦，需要精神卫生帮助。

指导语：在您填写问卷之前请阅读介绍中的所有内容。每位答卷者都应该遵循相同的答题指导。以下问题与某些痛苦和问题有关，在过去的30天内可能困扰您。如果您觉着问题符合您的情况，并在过去30天内存在，请回答“是”；另一方面，如果问题不符合您的情况或在过去30天内不存在，请回答“否”。在回答问卷时请不要与任何人讨论。如果不能确定该如何回答，请尽量给出您认为最恰当的答案。我们保证为您的资料保密。

姓名：______　　性别：①男　②女　　年龄：_____周岁

文化程度：①小学以下②初中③高中／中专④大学及以上

在灾难发生过程中你是：(可同时选多项），①消防人员②警察③指挥或协调者④医疗救护人员⑤其他人道工作者⑥新闻人员⑦直接受影响者⑧事件目击者⑨受伤者⑩死者家属

你和灾难现场接触时间：

①一直在②大部分时间③小部分时间④不在现场

你是否经常头痛?	是	否
你是否食欲差?	是	否
你是否睡眠差?	是	否
你是否易受惊吓?	是	否
你是否手抖?	是	否

---

① 杨艳杰. 危机事件心理干预策略[M]. 人民卫生出版社. 第113页。

你是否感觉不安、紧张或担忧？	是	否
你是否消化不良？	是	否
你是否思维不清晰？	是	否
你是否感觉不快乐？	是	否
你是否比原来哭得多？	是	否
你是否发现很难从日常生活中得到乐趣？	是	否
你是否发现自己很难做决定？	是	否
日常工作是否令你感到痛苦？	是	否
你在生活中是否不能起到应起到的作用？	是	否
你是否丧失了对事物的兴趣？	是	否
你是否感到自己是个无价值的人？	是	否
你头脑中是否出现过结束自己生命的想法？	是	否
你是否什么时候都感到累？	是	否
你是否感到胃部不适？	是	否
你是否容易疲劳？	是	否

附录十　职业倦怠问卷[①]

照国际公认的定义，衡量职业倦怠的三项指标分别为：情绪衰竭、玩世不恭、成就感低落。也就是说：判断一个人是不是有职业倦怠，第一是看他的情绪是不是衰竭了，也就是看他有没有活力，有没有工作热情;第二是看他是不是玩世不恭;第三是看他的成就感是不是低落。国内专家也专门设计了一套职业倦怠测试量表，能帮助人们了解自己的“倦怠状况”。测试的方法很简单，只需做12道测试题。

在进行测试时，请不要犹豫，看懂题意后马上做答，然后计分：

第1题：你是否在工作餐时感觉没食欲，嘴巴发苦，对美食也失去兴趣?

A．经常　　B．有时候　　C．从来不

第2题：你是否感觉工作负担过重，常常感觉难以承受，或有感觉喘不过气来?

A．经常　　B．有时候　　C．从来不

第3题：你是否感觉缺乏工作自主性，往往只是领导让做什么才做什么?

A．经常　　B．有时候　　C．从来不

第4题：你是否认为自己基本上待遇微薄，付出没有得到应有的回报?

A．经常　　B．有时候　　C．从来不

第5题：你是否经常在工作时感到困倦疲乏，想睡觉，做什么事儿都无精打采?

A．经常　　B．有时候　　C．从来不

第6题：你有没有觉得组织待遇不公，常常有受委屈的感觉?

A．经常　　B．有时候　　C．从来不

第7题：你是否在以前一致很上进，而现在却一心梦想着去休假?

A．经常　　B．有时候　　C．从来不

第8题：你是否会觉得工作上常常发生与上级不和的情况?

A．经常　　B．有时候　　C．从来不

① http://zhidao.baidu.com/question/318770853.html

第 9 题：你是否觉得自己和同事相处不好，有各种各样的隔阂存在?

A．经常　　B．有时候　　C．从来不

第10题：你是否在工作上碰到一些麻烦事时急躁、易怒，甚至情绪失控?

A．经常　　B．有时候　　C．从来不

第11题：你是否对别人的指责无能为力，无动于衷或者消极抵抗?

A．经常　　B．有时候　　C．从来不

第12题：你是否觉得自己的工作不断重复而且单调乏味?

A．经常　　B．有时候　　C．从来不

做完题后，把各题得分相加，选A得5分，选B得 3分，选C得1分。

根据得分情况，对照看测试结果：

12分～20分，你没有患上职业倦怠症，你的工作状态不错;

21分～40分，你已经开始出现了职业倦怠症的前期症状，要警惕，并应尽快加以调节;

41分～60分，你对现在的工作几乎已经失去兴趣和信心，工作状态很不佳，长此以往对个人的身心健康和工作都非常不利，应当引起重视，可以请求心理咨询师给予咨询和帮助。

以下是问卷部分，请您根据自己的情况选择。

A.从不　B.极少　C.一年几次或更少 偶尔　D.一个月一次或者更少　E.经常 一个月几次 频繁　F.每星期一次 非常频繁　G.一星期几次 每天

情绪衰竭

1．工作让我感觉身心俱惫　（　）

2．下班的时候我感觉精疲力竭　（　）

3．早晨起床不得不去面对一天的工作时，我感觉非常累　（　）

4．整天工作对我来说确实压力很大　（　）

5．工作让我有快要崩溃的感觉　（　）

玩世不恭（去个性化）

1．自从开始干这份工作，我对工作越来越不感兴趣　（　）

2．我对工作不像以前那样热心了　（　）

3．我怀疑自己所做的工作的意义　（　）

4. 我对自己所做的工作是否有贡献越来越不关心 （ ）

成就感低落

1. 我能有效地解决工作中出现的问题 （ ）
2. 我觉得我为工作做了有用的贡献 （ ）
3. 在我看来，我擅长于自己的工作 （ ）
4. 当完成工作上的一些事情时，我感到非常高兴 （ ）
5. 我完成了很多有价值的工作 （ ）
6. 我自信自己能有效地完成各项工作 （ ）

参 考 文 献

[1] 王丽莉．突发事件心理援助体系的建设[M]．北京：中国社会出版社，2009.
[2] 李德运，张建新．灾变心理援助与社会工作[M]．湖南：湖南科学技术出版社，2011.
[3] 云南省人力资源和社会保障厅．危机管理理论与实务[M]．北京：中国人事出版社，2009.
[4] James.R.K.&B.I.Gilliand．危机干预策略[M]．高春申，等，译．北京：高等教育出版社，2009.
[5] 汪向东，王希林，马弘．心理卫生评定量表手册[M]．北京：中国心理卫生杂志社出版，1999.
[6] 杨艳杰．危机事件心理干预策略[M]．北京：人民卫生出版社，2012.
[7] Kolski T.D. &M.Avriette&A.E.Jongsma，Jr．危机干预与创伤治疗方案[M]．梁军，译．北京：中国轻工业出版社,2004.
[8] 美国国立儿童创伤应激中心组织．心里急救现场操作指南[M]．山西：希望出版社，2008.
[9] 李建明，苑杰．矿难后心理危机干预[M]．北京：人民卫生出版社，2011.
[10] 张侃，张建新．5・12灾后心理援助行动纪实：服务与探索[M]．北京：科学出版社，2009.
[11] 徐光兴．创伤危机干预心理案例集[M]．上海：上海教育出版社,2010.
[12] 国立儿童创伤应激网，心理创伤后应激障碍防治中心．心理急救：现场行动指南[K]．2006.
[13] Faeber.B.A&D.D.C.Brink&P.M.Raskin．罗杰斯心理治疗——经典个案及专家点评[M]．郑钢，译．北京：中国轻工业出版社，2009.
[14] 朱月龙．心理健康全书[M]．北京：海潮出版社，2008.
[15] Dattilio.F.M &A.E.Jongsma,Jr．家庭治疗指导计划[M]．孙莉，译．北京：中国轻工

业出版社，2005.
[16] 伊丽莎白・雷诺兹・维尔福. 心理咨询与治疗伦理[M]. 侯志瑾，等，译. 北京：世界图书出版公司北京公司，2010.
[17] 李建. 中华人民共和国道路交通安全法实施条例释解[M]. 北京：中国市场出版社，2004.
[18] 杨敏毅，鞠瑞利. 学校团体心理游戏教程与案例[M]. 上海：上海科学普及出版社，2006.
[19] 宁福芝. 中学生和谐人际关系团体心理辅导实操指南[M]. 昆明：云南人民出版社，2012.
[20] 沈斐敏. 道路交通安全[M]. 北京：机械工业出版社，2007.
[21] 王艳辉，祝凌曦，张晨琛，张遂征. 道路交通安全综合评估方法、实现技术与应用[M]. 北京：科学出版社，2012.
[22] 栗继祖. 安全心理学[M]. 北京：中国劳动社会保障出版社，2007.
[23] 许洪国. 道路交通事故分析与处理[M]. 北京：人民交通出版社，2004.
[24] 吉国丽. 交通事故应急救援中对被困者心理安抚与现场急救方法的探析中国社区医师[J]. 中国社区医师・医学专业，2011年第31期（第13卷总第292期）：315.
[25] 李中莹. 社会性集体创伤辅导技巧手册（修订版）[R]. 2008年7月.
[26] 何林姣，赵建新，李青. 高校学分制下心理危机预防与援助研究[R]. 云南省教育厅2011年科学研究基金项目.
[27] 张建军. 2011年中国道路交通安全蓝皮书[M]. 北京：人民交通出版社，2011年.
[28] Victor M. Folleffe & Jacqueline Pistorello. 找到创伤之外的生活[M]. 任娜，张桂萍，高红新，古树青，译. 北京：中国轻工业出版社，2009.
[29] Tammi D. Kolski, Micheal Avriette, Arthur E. Jongsma & Jr. 危机干预与创伤治疗方案[M]. 梁军，译. 北京：中国轻工业出版社，2004.
[30] 陶新华，吴薇莉. 中日灾后心理援助案例集[M]. 北京：中国轻工业出版社，2011.
[31] 红十字会与红新月会国际联合会社会心理支持资源中心. 社区为本的社会心理支持学员手册[M]. 丹麦哥本哈根：社会心理支持中心.
[32] 红十字会与红新月会国际联合会社会心理支持资源中心. 灾后心理危机干预[M]. 丹麦哥本哈根：社会心理支持中心.
[33] 红十字会与红新月会国际联合会. 社区为本的社会心理支持培训教员手册[M]. 丹麦哥本哈根:社会心理支持中心.
[34] 红十字会与红新月会国际联合会. 儿童和青少年社会心理支持[M]. 中国红十字会.

[35] 红十字会与红新月会国际联合会. 少数民族群体社会心理支持手册[M]. 中国红十字会 心灵阳光工程.

[36] 红十字会与红新月会国际联合会. 城市社区社会心理支持工作手册[M]. 中国红十字会 心灵阳光工程.

后　记

云南省交通运输厅科技项目“云南省道路交通事故心理援助管理机制研究”项目在立项过程中，得到了交通运输厅科研处的支持；在调查过程中，得到了云南省交通警察总队赵宝林警官、保山市交通运输局杨金泽副局长、保山市隆阳区交通管理所余荣波所长、龙陵县交通管理所黎朝曾所长、龙陵县交通警察大队朱毅队长、大理州鹤庆县交通警察大队张蓓教导员的大力支持；在本书的编写过程中，得到了中科博爱（北京）心理医学院傅春胜院长、院长助理魏悦，云南省教育厅德育处杨国良处长，云南大学邓崧教授，云南师范大学陶云教授和冯江平教授的大力支持，在此深表感谢。

作　者

2013年9月